JN250616

悲劇的なデザイン

あなたのデザインが
誰かを傷つけたかもしれないと
考えたことはありますか？

ジョナサン・シャリアート、シンシア・サヴァール・ソシエ　著　｜　高崎拓哉　訳

BNN
Bug News Network

Contents

凡例

・原書にある URL は巻末にまとめ、本文中：†、図中：††、脚註中：†††で示した。

・原書にある脚註は＊で示した。

・文中の訳註は()で括った。

序文

ジョン・マエダ

　学問の世界を跳び出していなければ、シャリアートとサヴァール・ソシエがこの本で書いていることの大半を、私はあまりよく理解できなかったかもしれない。マサチューセッツ工科大学（MIT）やロードアイランド・スクール・オブ・デザイン（RISD）といったすばらしい場所を離れ、ビジネスの世界に跳び込むのは、純粋な「ソートリーダー」〔訳註：思想的指導者〕なら普通はやらないことだったかもしれないが、テクノロジー業界から出てくる新しいタイプのデザイナーたちとの触れ合いは、「自分の考えはさしてすごいものでもないようだ」と痛感するきっかけを与えてくれた。だから私は、社会人としてのキャリアの晩年を迎えているにもかかわらず、シリコンバレーで働く中でありがたくも新しい体験を次々に味わい、新鮮な知識を取り込めている。感謝しているのは、もし今やっているような仕事を知らずに、外界と隔絶された象牙の塔で一生を過ごしていたら、そのことをひどく後悔したはずだからだ。ベンチャー・キャピタルと働き、テクノロジー企業のコンサルティングを行う中で知った、シリコンバレーの未来。それは、機械の性能は18カ月ごとに2倍になるというムーアの法則が、今も世界中の人々に影響を与えているということだった。しかし、テクノロジーが実生活へ与えるショックを和らげるのは、処理速度やスケール、性能といった技術的な要素でもなければ、ギガヘルツやテラバイト、ナノピクセルといった数値でもない。それは、わかりやすさや使いやすさ、気持ちのいいデジタル体験といった、人間のニーズを満たすことだった。人間を強くし、助けるテクノロジーを使い、目的を持って優れた解決策をデザインすることだった。

　こうした新しい方向を向いているデザイナーは、いったいどこにいるのか。多いのはスタートアップ、特にデザイナー的な傾向を持った最高経営責任者（CEO）や共同創業者が率いる企業だった。彼らは常識に囚われず、一方で技術ばかりを追求するのでもなく、ユーザーの望みやニーズを事業の軸に据え

ていた。たとえばそれは、自宅をホテルの部屋として貸し出すことで寝室の広範なネットワーク〔訳註：Airbnb〕を作り出し、宿泊産業の枠組みを作り変えたブライアン・チェスキーとジョー・ゲビア†1といったデザイナーであり、あるいはデザイナーではないながら、eBay Inc. を率いてデザイン思考を会社の幹部レベルに浸透させたジョン・ドナヒューのような民間企業の CEO であり、工業用の布を使い、男性下着デザイナーが長らく見過ごしていたフィット感や美しさといったニーズを満たした、ニューヨークに拠点を置く小さなアパレルのスタートアップ Negative Underwear†2 の共同創業者マリッサ・ヴォスパーとローレン・シュワーブだった。こうした現象をもっとよく知りたい方は、過去 3 年のデザイン・イン・テック・レポート (Design in Tech Reports†3) をご覧になれば、デザインがテクノロジー業界にもたらすインパクトが大きく高まっていることがわかるはずだ。

　しかし、大いなるインパクトには大いなる失敗もともなうもの。本書で紹介されている悲劇の多くが、テクノロジー業界全体に見られるのは明らかで、シャリアートとサヴァール・ソシエの紹介でそのあらましを知ると、実に胸が痛む。そして残念ながら、学問の世界では美観に優れたデザインの仕方ばかりが教えられ、ユーザーテストやその他のデータ収集という視点が欠けていることを考えれば、アプリやスクリーン、さまざまな IoT デバイスを通じて、悲劇が今後も繰り返されるのは避けられそうにない。だからこそ、本書の出版は、またとないタイミングであり、あらゆるスキルレベルのデザイナーが、バウハウス的なバイアスをなくし、自らの好みに調整されたものさしを捨て、シャリアートとサヴァール・ソシエが提案するデザインを志し、悲劇を未然に防ぐきっかけとなるだろう。この本で紹介されている原則の多くを、Automattic 社†4で実践できたのは幸運だった。

　デザインに「包括性 (inclusion)」をもたせるにはどうすればいいのか。本書を読めば、その方法はすべて明らかになるはずだ。これまで「コンピュータおたく」の専売特許だったデジタル・テクノロジーは、今やスマートフォンのおかげで万人のものになった。だからこそ今、インクルーシブな視点で、一部のコンピュータ・スキルの高い人間だけでなく、この星に住むさまざまな人のことを考えたデザインを検討する必要がある。革命はまだ始まった

ばかりだ。シャリアートとサヴァール・ソシエによる本書は、デジタル時代における真に「インクルーシブ」なデザインを推進する運動の土台となるだろう。これからが楽しみだ。

　ジョン・マエダは Automattic Inc. のコンピューテーショナルデザイン & インクルージョン・グローバル本部長。ベンチャー・キャピタル Kleiner Perkins Caufield & Byers の戦略顧問でもあり、MIT メディアラボでは複数の研究チームのリーダーを任され、また RISD の第 16 代学長も務めた。作品はニューヨーク近代美術館 (MoMA) の永久所蔵品にも選ばれている。

はじめに

　ひどいデザインは人を傷つける。ところが、そうしたデザインを選択するデザイナーは、自分たちの仕事に責任がともなうことに無自覚な場合が多い。

　メディカルスクールでは、最初に「Primum non nocere（プリマム・ノン・ノチェーレ）」という大原則を教わる。わかりやすく言うと、これは「まずもって、害するな」という意味だ。この言葉を真っ先に教わることで、学生たちは、医師には人命を左右する大きな力があるという事実を心に刻みつける。一方、デザインスクールの学生が最初に教わるのは、物を立体的に描く方法だ。教師は、時代を問わない美しいデザインを追求する。だから私たちは、洗練されたデザインを生み出そうと悪戦苦闘し、本当の美しさとは何かと大いに思い悩む。そして、トレンドを生かした、見事な色合いのデザインが表彰される。デザイナーにも人命を左右する力と責任があることを、実感する機会はほとんどない。

　運が良ければ、ユーザー・エクスペリエンス（UX）の3時間の授業を1回くらいは受けられるだろう。教師が「ヒューマン・コンピュータ・インタラクション（HCI）」と呼ぶ授業だ。ちなみに私たち著者の2人も、大学時代、自分たちがデザインしたプロダクトをユーザーが使っている様子を「観察しなさい」とは一度も言われなかった。

　卒業という段になると、新米デザイナーたちは、学生時代に取り組んだプロジェクトの中でもとりわけよくできたものを選りすぐり、履歴書に書き加える。残りのもの、つまり人に害を及ぼす可能性のあるひどいプロジェクトは、二度と誰の目にも触れませんようにと願いながら「アーカイブ」フォルダに放りこむ。中には私たちのように、作品の出来があまりにも恥ずかしくて、うっかり開けられることすらないようにと、まったく関係ないフォルダ名を付けた人もいるかもしれない。幸運なことに、こうしたひどいデザインは忘れてもらえるし、やっても許される。学生のデザインであれば、ひどいデザ

インが採用された影響にユーザーが悩まされることはない。

　ところが、見た目の美しさにばかりこだわり、ミスをアーカイブフォルダに入れて抹消しても何も言わない教師や先輩からは、本当に大事なことは学べない。実社会でプロジェクトに失敗したら、どんな事態が起こるのか。それを考えるためにも、未熟な時代の失敗をささいなことと切り捨てず、ミスから教訓を得る姿勢を持たなくてはならない。デザイナーとして、プロダクトを通じてユーザーに影響を与える大きな力があるということを、私たちは知らなくてはならない。スパイダーマンのベン伯父さんの言葉を借りるなら、「大いなる力には大いなる責任がともなう」のだ。

　悪いのは教師だけではない。自分の仕事が誰かの命を奪ったかもしれないと、みなさんが最後に思ったのはいつだろうか。この本の目的は、採用したデザインの影響も考えずに、仕事が終わったと思い込むデザイナーの数をゼロにすることにある。実践に応用できるツールやテクニックを紹介して、難しい状況でも公正な判断を下せるようにすることにある。

　人間は複雑な生きもので、心に抱く感情は多岐にわたる。最近では「共感に基づいたデザイン」の考え方が流行りで、たくさんの本や記事が出ているし、そうしたコンセプトを掲げるデザイン企業もある。しかし、「共感に基づいたデザイン」とは正確にはどういう意味で、デザインを通じてどんな感情を引き出したいのだろうか。デザイナーや開発者、プロダクトの製作者は、目的とする気持ち、無視する気持ちを取捨選択する。「ユーザー中心のデザイン手法」を使っているというデザイナーもいる。しかし口ではそう言いながら、彼らが発売前にユーザーから実際に話を聞くことはほとんどない。デザイナーが作る体験は、現実の世界で、現実に生きている人たちに影響を与える。しかし残念ながら、デザイナーが振るう大きな力と、それにともなう責任が取り上げられることはあまりない。

　となれば、別の分野から学ぶ必要があるだろう。たとえばカナダとアメリカの一部には、学校の過程を終えたエンジニアに、卒業式で鉄のリングを贈る伝統がある。背景はこうだ。

　1900年代、カナダのケベックで「ケベック橋」が建設中に崩落し、75人が犠牲になった。崩落は設計技術者の判断ミスが原因だった。信ぴょう性は

不明だが、最初に作られたリングは、崩落した橋の鉄骨から鋳出したものだったそうだ。目的は、リングを謙虚さの象徴にし、人々に対する義務感と倫理観、責任感を忘れないようにすることだった。

　学校を卒業するデザイナーに、リングを贈る習慣はない。この本の目的は、その代わりをすることにある。デザイナーひとりひとりが、自分なりのリングを手に入れるきっかけを作ること。それがこの本のねらいだ。

本書について

　この本では、私たちの考える「ひどい」デザインが、どんな形で人を傷つけるのかを見ていく。本編で紹介するとおり、デザインは人を「殺し（第1章と第2章）」、「怒らせ（第3章）」、「悲しませ（第4章）」、「疎外感を与える（第5章）」力がある。幸運にも、そうした事態を防ぐためのツールやテクニックがあり、また世界をもっとよくする取り組みを始めているグループや企業、組織がいくつもある。各章では、ひどいデザインとその悪影響を紹介し、そこから大切な教訓を引き出していく。章の最後には、分野の権威であるリーダーたちのインタビューを載せる。彼らが惜しみなく提供してくれた知識やアドバイスを活かして、みなさんのデザイン観が広がればうれしい。何人かのデザイナーには「ひどいデザインがこんなネガティブなインパクトをもたらした」という失敗談を語ってもらった。個人的な体験を明かすのに葛藤があったのは想像に難くない。だからこそ、彼らの話がヒントになることを願っている。

　そして最後の3つの章では、人を傷つけるデザインを意図せずに採用してしまうのを防ぐツールとして、いくつかのテクニックとアクティビティを提供し、みなさんにできることを教え、すでにすばらしい仕事をしている企業を紹介する。

オライリーの Safari

Safari (旧 Safari Books Online) は、企業や政府、教育者、個人向けの会員制トレーニング &
参照プラットフォームです。

会員登録を行えば、無数の書籍やトレーニング映像、ラーニングパス、双方向型のチュートリアル、キュレーション済みのプレイリストにアクセスできます。パブリッシャーは、
O'Reilly Media、Harvard Business Review、Prentice Hall Professional, Addison-
Wesley Professional、Microsoft Press, Sams、Que、Peachpit Press、Adobe、Focal
Press、Cisco Press、John Wiley & Sons、Syngress、Morgan Kaufmann、IBM
Redbooks、Packt、Adobe Press、FT Press、Apress、Manning、New Riders、
McGraw-Hill、Jones & Bartlett、Course Technology など 250 以上にのぼります。

詳しくは、http://oreilly.com/safari を参照してください。

ご意見とご質問

この本に関するご意見、ご質問を原書版元までお寄せください。

O'Reilly Media, Inc.
1005 Gravenstein Highway North
Sebastopol, CA 95472
(800) 998-9938 (in the United States or Canada)
(707) 829-0515 (international or local)
(707) 829-0104 (fax)

この本のウェブページでは、エラッタと実例、追加情報を掲載しています。http://bit.
ly/tragic-design までアクセスしてください。著者も http://www.tragicdesign.com に
この本のウェブサイトを用意しています。

この本に関するご意見、専門的な質問は bookquestions@oreilly.com 宛てにメールで
お寄せください。

O'Reilly Media の書籍とコース、会議、ニュースについて、詳しくはウェブサイト (http://
www.oreilly.com) をご覧ください。

Facebook はこちら　http://facebook.com/oreilly

Twitter のフォローはこちらから　http://twitter.com/oreillymedia

YouTube チャンネルはこちら　http://www.youtube.com/oreillymedia

謝辞

ジョナサン

　僕のすべてを、妻のフォルーザンに。君はジェニーという先生の話をして、この本を書くきっかけをくれただけでなく、つらいときも楽しいときも、いつも僕を支えてくれた。

　共著者のシンシアに。君の頑張りと広い知識がなければ、この本は今の半分以下の内容になっていただろう。メルシーボークー！

　友人のサム・マザヘリ、クリス・リュー、そして先生のアンディー・ロウにもありがとう。みんなが優れたデザイナー、優れた人間としての僕を形作ってくれた。エリック・メイヤーとジャレド・スプールは、最初の頃に貴重なアドバイスをくれた。それから、自分のことをあと回しにして僕らを助けに来てくれたすべての人にありがとう。世界のデザイン・コミュニティのサポートと温かさにもすごく胸を打たれた。

　そして最後に、ショーン・チトルへ。あなたのトム・オライリーへのツイートが、この本の出発点になった。そしてチャンスをくれたトムへ、この大きな問題に光を当てる栄誉を授けてくれてありがとう。

シンシア

　息子のエミールへ。本を書いているあいだ、あなたは私の膝でいつまでも眠って、どんな私が最高の私なのかを教えてくれた。ジュテーム・ポーポー。

　そしてフィアンセのマシューへ。あなたは「友だちを刺した」話を何度も聞いてくれた。メルシー・チキン。

　この本は、危うく死にかけた友人のフレッドがいなければ生まれなかった。あの日、死なないでくれてありがとう。

　共著者のジョナサンへ。私の感想を聞いて、このプロジェクトに誘ってくれてありがとう。貸しひとつね！

　編集者のアンジェラへ。時間と、フィードバックと、忍耐をありがとう。

　それからアドバイスをくれたみんな、読んでくれたみんな、助けてくれたみんなに。画像やリソース、アイデア、言葉を快く使わせてくれてありがとう。

第1章

イントロダクション

ジェニーを殺したインターフェイス

　ひどいデザインのインターフェイスやモノ、体験が人の命を奪った話は多くある。今回は、その中でも特に悲しいものを紹介しよう。

　犠牲になった人物を、ここではジェニーと呼ぶことにしよう。ジェニーはがんと診断された少女だった。何年も入退院を繰り返し、やっとのことで病院を出られたのだが、すぐに病気がぶり返した。それでも、非常に有望な薬を使った新しい治療を始めることになった。薬はとても強いもので、治療の前後3日間は、点滴を使って体内の水分を増やす必要があった。点滴のあとには、ナースが必要なデータをチャート作成ソフトウェアに入力し、ソフトウェアが算出した患者の状態に従って、適切に対応する形になっていた。

　担当のナースたちはソフトをこまめに使い、またほかのすべての面ではジェニーのケアも毎日ていねいに行っていたが、点滴のあいだに致命的な情報を見逃してしまった。

　その結果、治療の翌日、ジェニーは薬の毒性の強さと脱水症状が原因で命を落とした。

　経験豊富なナースたちが致命的な間違いを犯した原因は、ソフトウェアの使いづらさだった。使っていたソフトのスクリーンショット (図1-1参照) を見ると、怒りがこみ上げてくる。ソフトはユーザビリティに関するシンプルな基本ルールをいくつも無視していて、ナースが混乱したのも無理はない。まず、表示されるデータが多すぎて、大切な情報をぱっと判別できない。次に色の選び方もひどく、見づらいのはもちろん、重要な情報をハイライトでき

ていない〔訳註：さまざまな色が多用されている〕。さらに、命に関わる治療や薬の情報は絶対に見逃してはならず、とりわけ慎重に扱う必要があるのに、このインターフェイスではそれができない。最後に情報の記録、通称「チャーティング」が非常に面倒で時間がかかるため、入力を手際よく行えない。

図1-1　アメリカの多くの病院で使われているチャート作成ソフトウェア Epic のスクリーンショット[†1]。

　プロのデザイナーとして、こうした話を聞くたびに胸が締めつけられる。命に関わる、人間の命を扱う業界で、どうしてこんなとんでもないソフトが採用されることになったのか。人間の命や幸福に関わる業界では、優れたデザインの採用に適切なリソースを注ぐべきではないのか。自分がデザインのプロセスに関わっていれば、違う結果になっていたかもしれない。デザイナーであれば、そう思わずにはいられないはずだ。

　アメリカの医療は危機に直面している。1999年に発表された「人は間違う」という画期的な論文[*1]によると、アメリカでは年間170〜290億ドルの費用をかけながら、毎年4万4000〜9万8000人が医療ミスで命を落としているという。その後に発表された別の研究では、医療ミスによる死者は10〜40

万人と試算されている*²。一部を引用しよう。

> ある意味で、*PAE*（*Preventable Adverse Effects：防げたはずの悪影響*）にともなう死者
> が*10万人*なのか、それとも*20万人*か、*40万人*かは大きな問題ではない。人数
> がどうであれ、はっきりした行動が必要であることに変わりはないからだ。

　残念ながら、ジェニーの話はあまり知られていない。しかしこうしたこと
は、アメリカに限らず、世界中で毎日のように起こっている。それでも、大
切なのはナースのせいにしないことだ。そうでなければ、深刻なミスにつな
がった全体の状況を見逃してしまう。医療の分野には、事故の原因に対す
る「スイスチーズモデル（Swiss Cheese Model）」という考え方がある。このモデ
ル（図1-2参照）では、人間が関わるシステムを、穴の開いたチーズを何枚も重
ねたものに例えて考える。

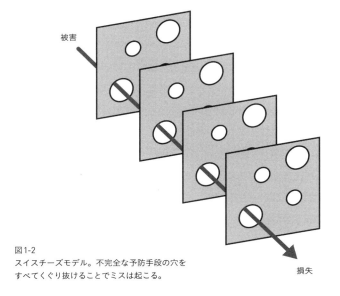

図1-2
スイスチーズモデル。不完全な予防手段の穴を
すべてくぐり抜けることでミスは起こる。

被害

損失

＊1　Kohn, Linda T., Janet M. Corrigan, and Molla S. Donaldson, eds. "To Err Is Human: Building a Safer Health System." Washington, DC: The National Academies Press, 2000.
＊2　James, J. T. "A New, Evidence-Based Estimate of Patient Harms Associated with Hospital Care." *journal of Patient Safety* 9:3 (2013): 122–128. doi:10.1097/pts.0b013e3182948a69

システムにはいくつかの層があり、ミスがシステムの穴をすべて通過してしまったとき、患者に直接の悪影響が及ぶ。医療システムの「層」はいくつか考えられる。医師の書く処方箋、調剤した薬剤師、薬の保存方法、準備して投与したナース、そして投与の手順……。各層にはそれぞれ穴（予防策の欠陥）があるが、重ね合わせればミスの影響が患者に及ぶ確率は減らせる。ジェニーの例で言えば、ナースは最後の砦だからミスの原因を押しつけられやすい。しかし本来は、最後の層はインターフェイスのデザインでなければならない。優れたデザインのインターフェイスが採用されていれば、タスクを終えるまでの「認識負荷」、つまり使う人の考える負担を減らし、ミスを減らすほうに意識を振り向けられる。しかし残念ながら、今の医療業界では、穴を減らすどころか増やすデザインが使われている。

　「認識容量（cognitive capacity）」という言葉がある。これは、ある瞬間に脳が情報を保持できる許容量を指す。量には限界があって、増やすことはできない。ジェニーの事例では、ソフトが発信する情報が、ナースの認識容量を超えていた可能性が非常に高い。ナースたちは、インターフェイスを使ってどうやって患者のケアをチャート化し、正しい順番に並べればいいかを理解するほうに、容量の大半を使ってしまった。ナース（というよりすべての医療従事者）は、自分たちの足を引っ張る環境やツールに囲まれて働いている。そして毎年数えきれないほどの医療ミスが起こっている以上、これが到底無視できない問題なのは明らかだ。システムは破綻していて、デザインの面でも見直しの余地がある。

　もちろん、インターフェイスを改善しただけで、問題が一気に解決するわけではない。それでもデザインを仕事にしている以上、私たちはその役割を考え、インターフェイスの層をできる限り穴のないものにする必要がある。医療業界でも、テクノロジーとデザインがミスに対する防衛ラインにならなくてはいけない。ところがジェニーの事例では、テクノロジーが悲劇的なミスの大きな要因になってしまった。

デザイナーの役割と責任

10人のデザイナーに「あなたの役割はなんですか？」と尋ねたら、全員ばらばらの答えが返ってくるだろう。

UXデザイナーのジャレド・スプールは、デザインとは「意図の描写」だと簡潔に述べている[*3]。確かにとても正確で、筋が通っていて、コンパクトな定義だが、UXデザイナーとしては、ひとつ大切な要素を見落としている。

それは人だ。私たちはデザインを、とりわけ人間が使う製品やソフトウェアのデザインを「プロダクトと人とのインタラクションを設計すること」だと考えている。

いいデザインは、わかりやすく、楽しく、そして便利だ。逆に言えば、ひどいデザインは、人の行動を邪魔したり、行動にうまく馴染まなかったりするものが多い。エンドユーザーのことを考えずに（あるいは、ユーザーはお客だという意識が薄いまま）ものを作れば、ほぼ間違いなくひどいデザインのものを作ることになる。ひどいデザインのプロダクトは、クリエイター（あるいはスポンサー）が第一で、ユーザーは二の次だ。いいデザインは、想定ユーザーを理解しようとして作られているから、ユーザーのニーズを満たす体験を生み出す。優れたデザインには価値がある。ユーザーに負担を強いるのではなく、ユーザーの生活をなんらかの形で前よりもいいものにする。ありがたいことに、いいデザインは善意や楽しさの結晶というだけでなく、お金にもなる。デザインにリソースを注ぐことは、意味のある投資なのだ。専門家の中には、ユーザー体験に1ドルを費やすごとに100ドルの見返りがあるとまで言う人もいる[*4]。クリエイター・ファーストで作られたプロダクトと、カスタマー・ファーストで作られた競合プロダクトがあったら、お客はまず間違いなく後者を選ぶ。今のテクノロジー業界の状況を考えれば、プロダクトの機能で差を付け、多数のユーザーを抱き込むのは難しい。だからこそこれからは、アクセシビリティの高いユーザー中心のデザインこそが差別化のポイントになる。

[*3] Spool, Jared M. "Design Is the Rendering of Intent." UIE, December 30, 2013. [†††1]
[*4] Spillers, Frank. "Making a Strong Business Case for the ROI of UX [Infographic]." Experience Dynamics, July 24, 2014. [†††2]

｜ クライアントとの付き合い方

　デザイナーは、プロダクトの成功は自分の手柄だと言いたがるし、それは当然の権利だ。であれば、プロダクトが成功しなかったときは責任を取るのも当然なのだろうか。

　インターネットを見れば、ひどいデザインの実例をまとめただけのブログがいくつもある。そうした実例を眺めていると、お粗末な仕事ぶりや、ユーザーに対する無神経ぶり、基本スキルの低さをデザイナーのせいにする（もっと言えば鼻で笑う）のは自然に思える。ところが、悪いのはデザイナーだけではない。実のところ、デザイナーの多くは、クライアントの要望に応えているだけだ。ティム・パーソンズは著書『Thinking Objects: Contemporary Approaches to Product Design（仮題：モノを思考する──プロダクトデザインの現代的アプローチ）』(AVA Publishing) の中で、デザインの現場の現状を批判している。難しいのは、デザイナーが責任者とは限らないことだ。デザイナーにお金を払うのは、ビジョンやビジネスニーズ、目的を持ったクライアントであって、ユーザーではない。そのせいで、デザイナーは困った立場に置かれる。「最後はクライアントの言うとおりにするしかなかった」という言葉を何度聞いたことか。残念ながら、この問題を一発で解決してくれる答えはない。

　「これはおかしい」と感じるプロジェクトを任されたら、デザイナーはなんとかしてクライアントを説得しなくてはならない。時間はかかるかもしれないが、これはデザイナーの責務だ。できるならシンプルに仕事を断るのがベストだが、現実はそう簡単ではないし、そうした強い姿勢を取れるのが、一部の有名デザイナーやデザイン会社に限られるのは私たちもわかっている。何より、あるデザイナーが仕事を断れば、その仕事が別の意識の低いデザイナーのところへいって、もっと悲惨な結果を生むことだって考えられる。

　デザイナーを続けていれば、難しい選択をしなければならない場面に必ず出くわす。ユーザーのニーズよりもクライアントのニーズを優先させなければならないこともある。それが許される場合と、そうでない場合の線引きは難しい。たいていの仕事には、学校で教え、業界団体が定める倫理規定がある。そうしたガイドラインのおかげで、業界の人間は、難しい状況で正し

い判断を下しつつ、クライアントやユーザー、仕事の担当者を守ることができる。グラフィック・デザインの世界にも決まり事はいくつかあるが、あまり浸透していないし、規則として施行されているわけでもない。国際デザイン協議会 (International Council of Design) の行動規定モデル[†5]は出発点としてはいいと思うが、足りない部分も多いし、この本で紹介する難しい状況で正しい判断を下す助けにはなりそうにない。私たちが一番いいと思ったのは、とある学生と教授のグループが作った「飢えたデザイナーの倫理」(Ethics for the Starving Designer[†6]) と呼ばれる行動規定だ。この規定の第一原則は、デザイナーにとって最高の出発点になる。

倫理的に最も正しい行動を取ることはときに難しいが、だからといって、そうした解決策を見つける努力を怠ってはならない。納得できない判断を下してしまったら、次は自分にとって、そしてほかの人にとって倫理的に正しい判断をしようと心がける。妥協しなくてはならないこともあるが、だからといって妥協し続ける必要はないし、次の機会には決意も新たに、倫理的に正しい判断をして最高の結果を生もうとしなくてはならない。

デザイナーはみな、自分の行動基準、受け入れられるものとそうでないものを決めておく必要がある。その「やってはならないこと」リストが、難しい判断をしなくてはならない場面が来たときにきっと役立つ。

｜ 隠れた代償を見つけ出す

テクノロジー好きなデザイナーの多くは、科学的な知識や、その探究で頭がいっぱいになってしまう。何ができるかばかりを追求し、立ち止まって「なぜ」やるかをほとんど考えない。私たちデザイナーには、世界に新しいものを持ち込む人間としての責任がある。ある意味で、それは親の子どもに対する責任と同じだ。ところが私たちは、思いつきでものを作り、新しいアイデアやお金、トレンドを追ってばかり。肝心なのは、本当に生み出す価値はあるのかを自問することだ。これは何も哲学的な問いかけというわけではなく、

ビジネス的にも重要な視点だ。成功の裏にある隠れた代償を考えよう。た
とえば企業の中には、成功のために環境やほかの会社を犠牲にしていると
ころ、従業員の幸せや顧客の信用を食いものにしているところがある。成功の
代償が見えない場所に隠れ、別の場所に転嫁されているだけなのに、成功を
収めたと勘違いしている人は多い。そうした隠れた代償や、自分のデザイン
が世界に与える影響を見つけ出しておかないと、知らず知らずのうちに誰か
を傷つけてしまいかねない。

　そうした隠れた代償を見つけて潰すのにお勧めなのが「ゴール（目標）」と
「ノンゴール（目標にすべきでないもの）」、「アンチゴール（目標にしないもの。「危険」と
言ってもいい）」のリストを作ることだ。勤め先でプロダクト・ブリーフやクリ
エイティブ・ブリーフ〔訳註：製品の企画概要〕を作るようにしているのなら、そ
こにこのリストを加えてもいい。「ゴール」は一般的だが、一方で残り2つが
デザイン概要に記されることはあまりないのではないだろうか。「ノンゴー
ル」リストの目的は、現在の作業で目指していないものを明らかにすること
だ。そんなものわざわざ書き出す必要はないと思うかもしれないが、私たち
の経験から言って、想定していないものを書き出すことには意味がある。目
標の定義がはっきりしないときや、プロジェクトが進む中で目標がだんだん
肥大していく「スコープクリープ」が起こりがちなときは特にそうだ。そして
最後の「アンチゴール」では、絶対に起こってほしくないことを書き出す。そ
の際は、アンチゴールの発生を防ぐ手段と、テストの合格ラインも明記しよ
う。私たちはこれを「セーフガード」と呼んでいる。

　具体例として、ある新しいウェブサイトの会員登録ページのブリーフを、
今説明した3種類のゴールの形で示したものを紹介しよう。

- ゴール（ページが目指すもの）
  - 顧客がサービスにサインインできるようにする
  - 登録の流れをスムーズにし、途中でコンバージョンが下がらないように
    する
  - 競合他社と比較したサービスのメリットを強調する

- ノンゴール（ページが目指すべきではないもの）
  - ホームページのコンテンツを売り込む
  - ログインやパスワードの認証方法を変更する
  - ログイン時のトップページを印象づける

- アンチゴール（このページが目指さないもの）
  - 料金システムを隠して潜在顧客を混乱させる
  - 登録を解除しない限り、利用料金は自動的に引き落とされるという事実を隠す
  - 解約の流れを複雑にする
  - カスタマーサービスを利用できる回数を強調する

- セーフガード
  - 潜在顧客が料金と登録のシステムを理解できているかを、登録前に確認する。これはユーザーテストを使って行う。
  - カスタマーサービスへの電話をモニタリングし、顧客が混乱しているようであればページの修正を申し出る。

結論

　優れたデザインがともなわなければ、テクノロジーはあっという間に人の助けになるものから人を傷つけるものに変わる。人の命を奪うこともある。しかも、悪影響はそれだけではない。そうしたテクノロジーは"人の心を傷つける"。SNSが原因でいじめが増えているのがその証拠だ。"人に疎外感を与える"こともある。視力に障害のある人が、ごく単純なアクセシビリティに関するベストプラクティスが採用されていないせいで、人気のウェブサイトで仲間と交流できないことも、そうした例のひとつだ。ひどいデザインは、投票が無効にされるといった"公正ではない状況"も生むし、好みを無視されたというシンプルな"不満"も生む。

　デザイナーはテクノロジーの門番だ。テクノロジーがどんな形で人々の

生活に影響を与えるかを決める重要な役割を、デザイナーは担っている。門をどれだけ広く開け放たれた通りやすいものにできるかは、私たちにかかっている。

このあとの各章では、テクノロジーの悪影響を受けた人たちの実体験を紹介していく。自分の仕事を通じて、自分なりのやり方で、社会に貢献しようと努力を重ねているすばらしいデザイナーへのインタビューも掲載する。ひどいデザインが、具体的に生活を邪魔した例も詳しく紹介する。実例は、極端なものからデザイナーなら誰でも経験するようなものまで幅広く取り上げる。もちろん、そうした難しい問題に取り組むための実践的なアドバイスはできる限り行っていくが、すべての問題に答えを用意していると豪語するつもりはない。私たちの目的は、この問題に光を当て、ひどいデザインが人々の生活に与える影響に注目してもらうことだ。問題を浮き彫りにすること。それこそが、大きな問題を解決するための何より重要な一歩になる。

この章のポイント

1. | 重大なミスの責任を最後に関わった人間に押しつけるのは生産的ではない。彼らはスイスチーズモデルのいくつもある層のたった1層に過ぎない。

2. | 視覚的に優れたデザインは、タスクを終えるのに必要な認識負荷を減らす。

3. | ひどいデザインのプロダクトは、クリエイター（あるいはスポンサー）が第一で、ユーザーは二の次である。

4. | デザイナーが常に責任者とは限らない。デザイナーは、クライアントの要望に応えなくてはならないことがよくある。自分で納得がいかないデザインを採用しなくてはならないときは、デザイナーがクライアントを説得する必要がある。

5. | 隠れた代償を見逃すと、コストが見えない場所に隠れ、別の場所に転嫁されているだけなのに、成功を収めたと勘違いしがちになる。隠れ

た代償や、自分のデザインが世界に与える影響を見つけておかないと、知らずに誰かを傷つけてしまいかねない。

6. | デザイナーはテクノロジーの門番である。テクノロジーがどんな形で生活に影響を与えるかを決める重要な役割を担っている。門をどれだけ広く開け放たれた通りやすいものにできるかは、デザイナーにかかっている。

Interview —— **Amy Cueva**

　これから紹介するのは、Mad*Pow 社の創業者にしてチーフ・エクスペリエンス・オフィサーのエイミー・クエヴァへのインタビューだ。Mad*Pow 社は、フォーチュン500企業からスタートアップまでさまざまな企業をクライアントに持ち、受賞経験もあるデザイン・エージェンシー。ニューハンプシャー州ポーツマスに所在し、年に1回、HXD という医療デザインに関する会議を開催している。

1. ひどいデザインは医療にどんな影響を与えていると思いますか？

　ひどいデザインは、医療の世界にごまんとある。業界として、デザインに対する理解と投資が遅れている。デザインの問題には、ビジュアル、インターフェイス、情報、ユーザビリティなどがあるが、最大の問題はシステムと体験に関するものだ。いくつか例を挙げよう。

電子医療記録（EMR）

　EMR は使い方に慣れるのにかなり時間がかかるから、患者と医師とのあいだに物理的な壁や溝を生み、そのせいで両者の交流から人間らしい温かみが奪われ、事務的になる。EMR は、基本的には患者の医療情報を記したデータベースのインターフェイスだ。

健康保険プランの選択 (アメリカの場合)

どのプランが自分に合っているか、わからなくて困る人は多い。普通の人には理解できない、あるいは自分に引きつけて考えづらい言葉で書かれているものを比べなくてはならないからだ。あるプランと別のプランとの総費用やケアの質の差を見極めるのは難しい。

サイロ (縦割り) 構造と保守的な姿勢

医療組織は、組織内部、あるいは組織同士がサイロ構造になっている。そのせいで協力体制が組みづらく、おかげで医療体験を向上させる優れたデザインも生まれにくい。また、医療組織は伝統的にリスクを避ける構造になっているが、イノベーションを起こすには、新しいコンセプトを検討し、テストするといった小さなリスクを取る必要がある。それには組織文化を変える必要があるが、簡単ではないし時間もかかる。

判断のサポートと口を出すタイミング

私たちは、最も効果的な治療法や、最適なケア手順に関する膨大なデータを持っている。ところがビッグデータは、適切な人物に、適切なタイミングで、適切な情報を届けるのに難がある。これはデザインの問題であり、同時にテクノロジーと組織構造の問題でもある。

予防はお金にならない

(アメリカの) 医療システムは、ほとんどが治療のためのものだ。体に異常が起こった人をケアするためのデザインになっていて、何かが起こるのを防ぐためのものではない。予防は一種の投資だが、多くの医療機関はその投資を渋る。直接的な利益にならない、あるいは別の誰かの問題だと思っている。医療システムが危機的な状態にあることを考えれば、これは私たち全員の問題になりつつある。

2. デザインをどのように活用すれば、医療を変えられると思いますか?

　人間中心のデザインこそが、私たちの進むべき方向を示し、ビジネス・イノベーションを加速させ、人間に好影響をもたらし、医療体験を向上させると確信している。デザインとデザイナーが、医療体験の向上に欠かせない役割を担うのは間違いない。デザイナーとして、私たちは、デザインの影響を受ける人の味方になり、共感に基づいて行動し、明るい未来を想像し、誰もが目にできる絵を描き、そして人々とともに歩みながら、そうした未来を実現していく。

　私たちは顧客や患者、人を仕事の中心に据える必要がある。彼らは今、支離滅裂な医療体系の中で迷子になっているからだ。医療システムは機能してはいるが、完全にはほど遠い。人間の他人を思いやる力やつながり合う力、イノベーションを起こす力を考えれば、完全な医療を実現できるはずなのに。私たちは、単なる事務的な治療の先へ進めるはずだ。顧客とのあいだに信頼を築けるはずだ。患者が必要としているときにそばにいられるはずだ。パートナーとなって医療の旅をともにし、彼らが通る治療の道のりをたどり、満たされなかったニーズや志を同じくする組織を見つけ出せるはずだ。医療組織の内外に縦割りの構造があるのはわかっているが、画期的な形で協力し合えば、壁を打破し、かつてないイノベーションを起こして、想像もしなかった成果を生み出せると信じている。

　新しいパートナーシップとサービスの共有が実現すれば、壁を壊し、現在の医療体系にあるペインポイント〔訳註:ユーザーの悩みの種〕や満たされないニーズを解消できる。

3. デザイナーの力とはなんだと思いますか?

　デザイナーは、ユーザーのニーズをできる限り深く理解し、彼らの味方になる必要がある。デザイナーには、ユーザーにとって最善の体験と組織の目的とを結びつけ、体験に投資するビジネスケース〔訳註:推薦材料〕を作る力がある。ひどいデザインのリスクと優れたデザインのメリットを明らかにする力がある。人間中心のデザインのメソッドを実践し、ほかの人たちを巻き込んで、この手

法の効率性をわかってもらう力がある。

　デザイナーには、「デザイナーの誓い（Designers Oath [7]）」に従い、貢献し、誓いと組織の目的とを結びつける力がある。目的を共有する組織を見つけ出し、各組織が持つ情報とリソース、サービスを束ねてひとつの解決策を導き出す方法を探る力がある。

　デザイナーは共感に基づいて行動し、明るい未来を想像し、ほかの人も目にできる絵を描く。今よりもいい道を想像し、道を描き出す大切な役割を担っている。そして人々の気持ちを盛り上げることで、一緒にそうした新しい道を明るく照らすことができる。

4. デザイナー以外の医療従事者にできることはなんでしょうか？

　組織の芯、つまりお金を超えた目的、そしてその目的を実現する手段をはっきりさせることだ。組織の目的と個人的な価値観を揃える方法を考えながら、取引先を決めることもできる。患者や顧客らと一緒に組織の医療プロセスや方針、システムを生み出し、改善案を組織に示すこともできる。

5. 世界を今よりもいい場所にするために、デザインが果たす役割はなんでしょうか？

　顧客中心の共感デザインは、単なる理想論ではなく、ビジネスとしても優れている。社会に好影響を与える実践的な考え方でもある。ベリンダ・パーマーは (2015年の)『ハーバード・ビジネス・レビュー』に載った「企業経営と共感は矛盾しない」という論文の中でこう言っている。「机上の空論などではない。共感は、理事室から実店舗まで、あらゆるレベルで必要とされる具体的なスキルだ」と。それに共感は、製品やサービス、パートナーシップ、組織のデザインの基準になる。これは体験経済だ。他業界には、この考え方を実現している組織がある。たとえば金融サービスでは、体験経済は、製品やサービスの販売や、セルフサービス取引の簡略化だけを指すわけではなく、利用者と組織との関係や、関係の具体的なメリットも指している。ポテンシャルは大きい。想像してほしい。

巨大な国営銀行の助けで、国民の貯蓄が5％増えたらどうなるか。それは銀行にとっても、もちろん本人にとってもメリットだが、同時に社会全体にも大きな影響を及ぼす。

　組織が目的に沿って運営されるようになれば、企業の社会的責任（CSR）と顧客体験の分野は徐々に融合していくだろう。そして、マーケティング・メッセージや広告キャンペーンを超えたものになっていくはずだ。目的があらゆる部署に浸透した組織は、勢いと推進力を手に入れ、結果としてそれが競争を生き抜く武器になる。そのためには、これまでの組織の境界を超えて動く必要がある。

　境界はすでになくなりつつある。保険会社は加入者を健康にするために動き始めていて、単なる「一時的なパートナー」とはみなさなくなっているし、製薬会社は薬だけでなくデジタル「セラピー」の道も模索している。

　顧客のニーズや動機を考え、プラスそれを利用しようと考えないことが、利益を生む近道になる。組織の判断が社会や社会道徳にどんな影響を与え、どんな予期せぬ結果をもたらすかを深く理解することが必要になる。

　消費者は、企業が社会に与える影響にますます敏感になり、どんな相手と取引しているかもチェックできるようになっている。そうした影響を意識する組織は、自分たちの方針を顧客の価値観に揃えていくことで、市場での差別化に成功する。こうした姿勢を採るには、長期的な視点、そして目先の利益ではなく長期的な影響を理解する力が求められる。

6. 人を傷つけないために、デザイナーができる作業はなんでしょうか？

　問題から学ぶ姿勢を持ち、インクルーシブなアプローチを採ることだ。病院の外に出て、顧客と直に顔を合わせ、彼らの生活状況の中で本当に大切なこと、価値のあることは何かを深く理解する。顧客が本当の意味で心を動かされ、熱中し、情報源や指針とし、安心することはなんなのか。人間は複雑な生きものだ。ひとりひとりのストーリーを彩る豊かな細部が、私たちにとっては情報であり、同時に刺激でもある。

　クレイトン・クリステンセンは、破壊的なイノベーションをもたらす理論について、「今自分が尽くしている相手を理解することで、未来の仮説を打ち立てら

れる」と人を理解することの重要性を指摘している。民族学的な調査、つまり「本来の環境」で暮らす実際の人々と話をし、彼らを観察するやり方も、問題と満たされないニーズを深く理解し、指針となる確かな理論を組み立てる助けになる。しかも、この方法は共感を呼び覚まし、創造性を発揮するのに必要なインスピレーションももたらす。たとえば、持病を抱えている人が安易に救急車を呼んで、救急救命室（ER）をかかりつけの診療室がわりに使うことがないようにしたいとする。そのとき、ER から一歩も出ずに、やって来る患者から話を聞くだけで終わっていないだろうか。来る理由や、状況の改善策を思い込みで決めつけていないだろうか。

　共感を生むアクティビティをデザインのプロセスに組み込み、組織として共感に焦点を当てることが大切だ。組織内のステークホルダー（関係者）を促し、民族学的な調査や、参加型、協力型のデザイン手法、使いやすさや実用性、魅力度、実効性のテストといった検証活動に加わってもらうことだ。それを日々実行すれば、体験を改善する指針として、長く活用できる情報がたっぷり手に入るだろう。

　人の気持ちを理解するには、調査におもむくしかない。気持ちがわかれば、重点を置くべき部分、長所と改善点が見えてくる。尽くす相手の気持ちを知ることが肝心だ。何を感じるかで歩む道のりは変わってくる。大切なのは顧客の気持ちだけではない。私たちの気持ちも大切だ。私たちは、何かを感じることを自分に許す必要がある。そうすれば、頭でわかっている段階から、心でわかる段階に進める。そうした腹の底からの感情こそが、私たちの好奇心を刺激し、想像力を搔き立て、知恵を深め、行動を起こし、もう少し頑張ろうという意欲を引き出す。

　ユーザーが体験で味わう感情や状況を完璧に理解したければ、ペルソナを使うといい。つまり、ユーザーになりきり、どうすれば状況が改善するかを考えるのだ。手に入るのは統計的な情報だけではない。行動や心理、気持ちに関する情報も手に入る。ペルソナは、体験の長所や問題点を判断する指針になる。しかし、ペルソナだけでは十分ではない。

　私たちは、調査から得たインサイトに基づいて「ニーズの階級」を決め、それに従って重点的に改善すべき体験を決め、仕事の出来映えを測るようにしてい

る。たとえば、"信用できる"なら、顧客が必要なすべてのタッチポイント〔訳註：ユーザーとプロダクトの接点〕で、必要としていた情報や機能は入手できたという意味。"簡単"なら、付き合いやすい会社や製品、サービスだと感じたという意味で、"親切"は、ニーズを考えてよくしてくれたと感じた場合。"大切"なら、自分の人生にとって大切な出来事だった、思っていた以上の結果が出せた、予想外のメリットが手に入ったということで、そして"超クール"は、ずばり、ものすごく良かったという意味だ。

　業界の多くの組織が「すごいものを作りたい症候群」に罹っている。信頼や便利さ、親切や大切さも提供できないうちから、一気に超クールの評価を得ようとしている。私たちは体験を精査し、タッチポイントを各ペルソナの視点で確認し、ニーズの階級を設定して、下から上へのぼっていくようにしている。

　ほかの解決策や組織が生まれていないか市場に目を配り、解決策を応用できないか、他組織と協力できないかを検討している。そうやって常に意識していれば、患者に代わって体験のさまざまな側面をつなぎ合わせることができるからだ。現在の体験を精査し、利益を超えた組織の目的に照らして、将来の理論を組み立てることもしている。

　体験には、提供する組織内部の構造が表れる。構造がばらばらなら体験もばらばらになる。すばらしい体験を作るだけでは足りない。体験は売り出さなくては意味がない。そして飛び抜けた体験を提供するには、組織の構造を共感主体、顧客中心に変革する必要がある。私たちはこれからも、共感に基づいたデザインのメリットを組織幹部や意思決定者に伝え、そのプロセスに巻き込み、必須トレーニングやメソッド、ツール提供のモデル作りを進めていく。トレーニングは実を結ぶ。通信大手のテレフォニカ・ジャーマニーは、共感トレーニングのプログラムを全社レベルで実施し始めてから半年もたたないうちに、顧客満足度が6%上がった。

　先ほど紹介した『ハーバード・ビジネス・レビュー』の記事の中で、ベリンダは、共感は測定できるものだと指摘し、同時に「頭の固い人たちは、論理的な分析というもっと具体的で論拠にしやすいものを重視して、共感をないがしろにしがちだ」と言っている。私としては、そうした論理的な分析よりも、共感や人間中心のデザインのほうが豊かなインスピレーションの源になると言いたい。そし

てインスピレーションがなければ、体験のイノベーションや破壊的なイノベーションは起こせない。組織の共感度を測るのをやめてはいけない。顧客のニーズの階級や、組織の目的の達成度を測る方法を考えよう。それに基づいた奨励金プログラムやボーナスのシステムを作り出そう。多くの企業で、顧客中心の測定基準と連動したインセンティブを導入したとたん、みる間に数値が改善している。私たちが一緒に働いたある企業は、部署横断型のチームを設立し、ビジネス判断が顧客体験に与える影響をポジティブ、ネガティブ、ニュートラルで評価するようにした。そしてネガティブな影響が予想されるときには、上層部の人間に状況の解決を要請できるようにした。意思決定の枠組も大切だが、意思決定のプロセスで数字ばかりが重視され、人間らしさが見過ごされるような文化を作らないことも大切だ。

第2章

デザインは人を殺す

　デジタルメディアのデザイナーは、そのデザインがエンドユーザーに与える影響を忘れがちだ。そもそも「ユーザー」という言葉自体が、使い手のことを考えていない証拠と言える。相手の顔も名前も想定できない「ユーザー」という形のない言葉を使いながら、デザイナーは定量調査と組み合わせ、勝手にニーズを想像してビジネス判断を正当化する。ユーザーはダッシュボードに表示された無数のデータのひとつになり、ユーザーのプロダクトへの反応も、利益を増やすための一指標に過ぎなくなる。

　会社の利益を増やそうとすること自体は問題ではないし、数値の改善を目指すのも、必ずしも問題ではない。しかし数字はたいてい冷たく、定量調査は共感の対極に位置する指標になりがちだ。定量調査は、ユーザーを人間味のないモノに変える。しかも、プロダクトを使ったユーザーが傷ついたときの申し訳ない気持ちや恥ずかしさ、罪の意識から逃れる都合のいい言い訳にもなる。これまでデザイナーは、データを間違った形でしか使ってこなかったが、私たちは、使い方さえ誤らなければ数字は、ユーザーをモノ扱いし、人間性を無視するのを防ぐ力になると考えている。大切なのは、定性的な調査と定量的な数値のバランスだ。ある研究によると、人は近しい人間には親しみを抱けるが、会ったこともない無数のユーザーの、数値化した情報に基づいて共感するのは難しいという[*1]。しかし、それで責任がなくなるわけではない。デザイナーは、自分の仕事が与える影響を常に念頭に置く必要が

＊1　Brashears, Matthew E. "Humans Use Compression Heuristics to Improve the Recall of Social Networks." *Scientific Reports* 3 (2013): 1513–0151. doi:10.1038/srep01513

ある。だからこそ、ユーザーと直接会って話を聞き、プロダクトを使っている様子を観察することがとても参考になる。にもかかわらず、驚いたことに、ユーザーが実際にプロダクトを使っている場面を一度も見たことがないデザイナーは非常に多い。

どうしようもないミスとどうしようもないユーザー

　ミスやそれにともなうひどい出来事をユーザーのせいにするのは簡単だ。実際、技術屋の世界には「悪いのはユーザーだ」とばかにする隠語がたくさんある。たとえば PEBKAC という言葉を聞いたことがあるだろうか。これは「問題はキーボードと椅子のあいだにある (Problem Exists Between Keyboard and Chair)」という文の単語の頭文字を合わせたもの。あるいは「Type 16」のミスと言えば、間違っているのはコンピュータではなくて、画面から16インチ〔訳註：約40センチ〕離れたもののほう（こちらもユーザーのこと）だという意味だ。アメリカの軍隊にも使用者のミスをばかにする隠語があって、海軍では「アイ・ディー・テン・タンゴ (Eye-Dee-Ten-Tang〔訳註：それぞれ読みの通り変換してID10T → Idiot ＝間抜けの意味〕)」、陸軍では「ワン・デルタ・テン・タンゴ (One-Delta-Ten-Tango、1D10T)」というスラングが使われている[*2]。どちらもぱっと見にはおもしろく、なんということのない内輪のジョークのようにも思えるが、この見方が「頭のいい」作り手と「どうしようもない」使い手との溝を生む。こうした冷たい目が、ユーザーへの無責任な態度や軽蔑心、心の狭さにつながり、間違いや悲劇を大切な教訓にしようという姿勢を失わせる。

　結局のところ、何よりやっかいなバグは Type 16のミスなのだ。もっともこの場合の16インチは、デザイナーと画面との距離を指す。

　優れたデザイナーは、ほかの人のミスから学ぶ機会を常に探っている。デザイナーは、間違った人を戦犯扱いするのではなく、その人になった気持ちで、こう自分に問いかけなくてはならない。いったいなぜ、そんなインターフェイスをデザインしたのか？　どんな判断で、そのプロダクトが採用され、

＊2　"NAVspeak Glossary," Usna.org. Archived from the original on 1 December 2010.

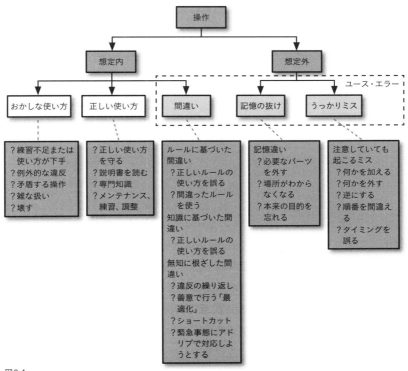

図2-1
医療機器のユーザビリティ規格 IEC 62366:2007 を参考に作成したユース・エラー・チャート。事故を検証するときに参照する。「事故は防げたか」という疑問に答えを出す参考になる。

出荷されることになったのか？　どうすれば、自分が同じ状況に陥るのを防げるか？

　そうやって過去の事例を振り返って調べながら、この本では、悲劇が防げたかどうかを検証していきたいと思っている。これから、ユース・エラー・チャートという非常に便利なツールを紹介しよう（図2-1参照）。何かのデザインを批評するときは、このチャートに照らして考えてみてほしい。たとえば、ミスの原因が「普通の使い方」と言える操作にあったなら、責任はそうした使い方を想定していなかったコンセプトチームにあるということになる。逆に、普通の使い方ではないが想定される操作に原因があったなら、悪いのは完全にデザイナーだ。普通ではない使い方は極めて深刻な事態を招く恐れ

があるから、影響を和らげる策を講じておかなくてはならない。この問題は第4章であらためて取り上げ、危険な使い方を事前にできる限り想定しておくテクニックを紹介しよう。

この章では、ひどいデザインが物理的な被害を出した事例をさまざまに紹介する。とはいえ私たちの目的は「ひどい出来事だ」とセンセーショナルに書き立てることでも、ひどいデザインが惨事の唯一の原因だと声高に言うことでもない。デザインがとても優れていても、ある使い方を想定していなかったばかりに事故が起こるということは往々にしてある。実例を取り上げる目的は、デザインが物理的な被害にどう影響したかを明らかにし、悲劇が繰り返されるのを防ぐ手段を探ることにある。

ケーススタディ1： **セラック25**

セラック25 (Therac-25：図2-2参照) は放射線を使った治療機器で、電子線やX線といった放射線を安全な量だけ照射することを意図して作られていた。セラック25には、セラック6とセラック20という、2種類の先行機があった。放射線治療は、悪性細胞を殺し、制御する手段として、がん治療で一般的に用いられている。セラック25の事故は、コンピュータ科学の授業では必ずといっていいほど取り上げられる典型例で、ソフトウェアには人を傷つける力があるということをこれ以上ないほど表している。1985〜1987年のあいだに、患者に過度の放射線が照射される事故が6回起こった。6人のうち3人が、このときの負傷が原因でのちに命を落とし、残りの3人も重傷を負った。幸運なことに、セラック25は当時まだ11台しか現場に導入されておらず、のちに回収され、ソフトウェアのミスに対するハードウェア側の安全装置も含め、全面的なデザインの見直しが行われた。

セラック25を操作するスタッフは、医師が指定した放射線量と照射のモードを入力する。問題は、機械がまれに多量の rad (radiation absorbed dose：放射線吸収線量) を患者に照射してしまうことにあり、ときにその値は1万7000rad に達することもあった (通常、1回の治療で照射されるのは200rad ほど)。それだけの高い放射線量を浴びる痛みはすさまじく、患者の1人は台から跳び

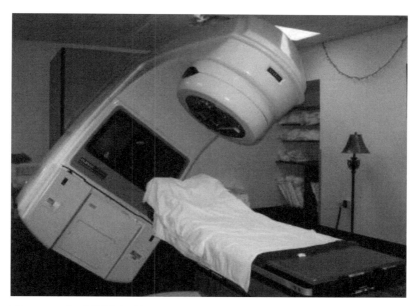

図2-2　セラック25放射線治療器[††2]

上がって部屋から駆け出したほどだった。その後の数週間で人体に及ぼす影響はもっと恐ろしい。1000radを全身に浴びるだけでも命に関わると考えられる中で、1万7000radを狭い範囲に浴びたらどうなるか。治療の翌日、患者の体には発疹と火傷のような痕ができた。それから数週間かけて、その傷はまるで「スローモーションで銃弾を浴びた」[*3]ように、巨大な穴になっていった。事故が報告された当初、製造元は問題を否定し、そんなことはありえないと言い張った。しかし今、セラック25のバグとそれが引き起こした問題は、さまざまな場所で取り上げられている。

｜ インターフェイスを診断する

　プロダクトのインターフェイスを公平に批評するフォーマットとして、こ

＊3　Rose, Barbara Wade. "Fatal Dose: Radiation Deaths Linked to AECL Computer Errors." CCNR, June 1994. [†††3]

こではヤコブ・ニールセンが作成した「インターフェイス・デザインのための10のユーザビリティ・ヒューリスティック (10 Usability Heuristics for Interface Design)」というものを使う[8]。ほかにもテオ・マンデルの「黄金律 (Golden Rules)」リスト[9]や、ブルース・トニャッツィーニの「インタラクション・デザインの大原則 (First Principles of Interaction Design)」[10]など候補はいくつかあったし、こちらもぜひ目を通してほしいが、今回は一番シンプルでわかりやすいニールセンのリストを採用した。20年以上前のものでありながら、リストは今も業界で広く使われるベストプラクティスになっている。目的はセラック25の製造元を責めることではない。単純に当時はまだこのリストが世に出ておらず、まだ業界全体がインターフェイス・デザインのベストプラクティスを模索している状態だった。

ご存知の方もいらっしゃるかもしれないが、ここでは念のため、Nielsen Norman Group が公式ウェブサイトで紹介している10の原則を紹介することにしよう。

1. システムの状態がわかるようにする
   システムは常に、適切なフィードバックを通じて、妥当な時間内で、現状をユーザーに知らせなければならない。

2. 現実世界にマッチしたシステムを作る
   システムは、システム指向の言語ではなくユーザーの言語、つまりユーザーに馴染みのある言葉や概念を使って意思疎通を行わなければならない。利用する環境に合わせた、自然で理にかなった順番で情報を提示するシステムを作ろう。

3. ユーザーに操作の主導権と自由を与える
   ユーザーはよくうっかり機能の選択を誤るので、明確な「非常口」、つまり長々とした手順を踏まなくても望まない状態から抜けられる仕組みが必要になる。アンドゥとリドゥを提供しよう。

4. 一貫性を保ち標準に倣う

ひとつの用語、状況、動作に対してほかのアプリケーションと異なる UI を採用し、ユーザーを混乱させてはならない。プラットフォームの慣例に倣おう。

5. エラーを防止する

優れたエラーメッセージを用意するよりも、注意深くデザインしてそもそも問題が起こるのを防ぐほうがいい。ミスを引き起こしそうな条件を除去またはチェックしておいて、ユーザーに対しては操作を実行するかを事前に確認しよう。

6. 思い出させるのではなく、認識させる

オブジェクトや動作、選択肢は目に見える形で示し、ユーザーに何かを思い出すという負担をなるべくかけないようにしよう。システムとのやりとりを続けるユーザーが、情報を覚えなくても済むようなデザインを採用しなくてはならない。マニュアルはいつでも簡単に参照できる視覚的なものにすべきだ。

7. 柔軟性と効率性を持たせる

熟練ユーザーの作業を高速化する仕組みを、初心者ユーザーには見えないところに置くことは、初心者と熟練者どちらのためにもなる。ユーザー自身が、よく使う機能を使いやすく調整できるようにしよう。

8. 最小限の美しいデザインにする

システムとユーザーとの対話の中に、関係のない不必要な情報を入れてはならない。余計な情報と関係のある情報がバッティングして、必要な情報を全体に埋もれさせてしまう。

9. ユーザーがエラーを認識し、診断し、回復できるようにする

エラーメッセージはわかりやすい言葉で示さなくてはならない（プログラム

コードは NG)。問題点を正確に伝え、建設的な解決策を提示しよう。

10. ヘルプや説明書を用意する

　　説明書なしでも使えるほうがいいのは間違いないが、システムのヘルプや説明書は必須だ。情報はすべて簡単に検索できるようにし、ユーザーがすべきタスクだけを示し、具体的な手順としてリスト化し、分量が多すぎないようにすべきである。

第1の問題

　では、セラック25のユーザー・インターフェイスの問題を見ていくことにしよう。この事例の場合、インターフェイスだけがミスの原因ではないが、大きな影響を与えたのは間違いない。致命的な事故につながったあるケースでは、スタッフは患者が台に横になっている状態で、操作を行った。装置のインターフェイスから入力を求められた担当者は、モードを選んだあと(図2-3参照)、線量を指定した。カリフォルニア大学バークレー校でコンピュータサイエンスの教鞭を執るブライアン・ハーヴィー教授の授業によると、担当

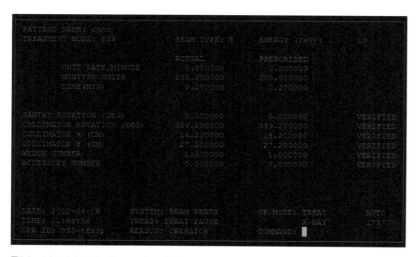

図2-3　セラック25のインターフェイスに似せたコマンドライン。

者はモードを(電子線ならe、X線ならxと)タイプし、次のフィールドへ移るそうだ。その段階でモードを間違えたことに気づいた場合は、矢印の上を何回か押してモード決定フィールドに戻ろうとする(80年代の話なのでまだマウスはない)。

ところが現場の操作担当者は、上を押してもカーソルが移動しておらず、かわりに矢印の上に対応した文字列がフィールドに入力されているだけだと気づかなかった。その文字列は、どのキーが押されたかをシステムに伝えるプログラム上の信号だった。

これは明らかに、ニールセンのリストの最初の原則「システムの状態がわかるようにする」に反している。テキストフィールドに矢印の上に対応する文字列を入力するという、操作者が望まないことをやっているだけでなく、インターフェイスを通じて現状を伝えることもできていない。何が入力されたかがユーザーにわからないなどあってはならないし、正しく入力できたかを最後に確認する必要もある。至って当たり前に聞こえるかもしれないが、ソフトウェアは、ユーザーが実際に入力した内容を常に表示していなくてはならない。

第2の問題

次の問題は、このシステムではフィールドに値が新たに入力されなかった場合、初期値が採用されるという点だ。この方式はミスを防ぐのに大いに役立つときもあるが、医師が指定した患者ごとの値を入力するデザインの機器にはまったくそぐわない。しかも初期値が表示されていない分、危険はさらに大きい。初期値がユーザーから見えない場合、ユーザーが予想外の操作をしたり、混乱したりする恐れがある。

第3の問題

エラーメッセージにも問題がある。先ほどとは別の例で、担当者が入力を終えて操作を実行しようとしたところで、ソフトウェアからエラーメッセージが返ってきたことがあった。ミスへの対処にエラーメッセージを使うこと自体はとてもいいのだが、残念ながらセラック25の場合は「Malfunction 54(エラーコード54)」というメッセージが表示されるだけだった。なんの説明

にもなっておらず、どこにミスがあって、どう修正すればいいかもわからない。セラック25の操作担当者は、こうしたよくわからないエラーメッセージによく悩まされた。だから次第にpを押してメッセージを上書きするようになっていった。よくわからないエラーが何度も出てくるから、メッセージを無視するのが当たり前になり、その結果、致命的な過剰照射が起こった。エラーメッセージを迂回しても（そして患者に知らず知らずのうちに放射線を浴びせても）、メッセージはまた出てくる。そうやってエラーを上書きするたびに、患者が1万5000〜1万6000radの放射線を浴びていた。以前にも放射線治療を受けたことのあった患者は、この痛みは尋常ではないと察し、助けを呼ぼうとした。なんとか台を離れ、出口に駆けよって注意を引こうとドアを叩いた。通常であれば、操作者はカメラやインターコムを使って治療室にいる患者の様子や声を確認している。ところが不幸にも、その日はそうした装置が故障していた。患者は数週間後、喀血して病院へ戻り、医師は放射線の過剰被曝だと診断した。この事故で患者は左腕と左脚、左の声帯、そして左の横隔膜が動かなくなり、そして5カ月後に死亡した。

　ニールセンのユーザビリティ・ヒューリスティックでは、原則の5番と7番、そして9番でエラーメッセージに触れられている。最高のエラーメッセージは、そもそもメッセージが表示されないこと。セラック25のソフトウェアは、もっと使いやすいものでなければならなかった。これから行う動作を表示し、リアルタイムで検証しなければならなかった。インターフェイスはデザインの意図を知っていなければならない。そして常識の範囲を超えた操作に対しては、適切な操作に戻るようユーザーを導かなくてはならない。

　リアルタイムで検証を行ってミスを防ぐシステムの好例として、登録フォームが挙げられる。登録フォームでは、新規ユーザーはユーザー名を選ばなくてはならない（図2-4参照）。入力した名前が使えない場合はその旨がすぐに表示され、どこがいけないのかをいちいち確認しなくとも、新しいユーザー名を考える必要があることがわかる。パスワードを2回入力する仕組みもリアルタイムのエラー検証だ。両方が一致していなければ自動的に赤いエラーメッセージが表示され、食い違っている限り次のステップに進めないことを知らせる。

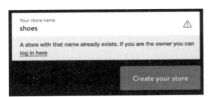

あなたのストアネーム
Shoes

この名前はすでに使われています。あなたが使
用者の場合は、こちらからログインしてください

マイストアを作成する

あなたのストアネーム
Shoes-for-two

マイストアを作成する

図2-4
shopify を例にしたリアルタイム検証。ストア用のユーザー名が使えないものだった場合、ログインのための
別の選択肢が表示される。

　セラック25で言えば、よくわからないエラーが大量に表示されるせいで、操作スタッフはスクリーン上のメッセージを読み飛ばすのが当たり前になってしまった。私たちだって、バナー広告やアップデートを求めるウィンドウを平気で無視する。なにしろ、1週間に12回も更新を要求されることだってあるのだ。強い言葉や刺激的な色を使った警告でも、私たちはお構いなしに無視する。「オオカミ少年」の物語と一緒で、大切な警告は、これまでなんの役にも立たなかったからという理由でほとんどが見過ごされる。広告を無意識のうちに無視することを「バナー・ブラインドネス（banner blindness）」と呼ぶが、これは確認のメッセージにも当てはまる現象だ。こうした確認メッセージのバナー・ブラインドネスを防ぐには、ユーザーの操作が致命的でない場合、あるいはあとから修正できる場合にいちいち確認を求めないことだ。そうでないとユーザーは確認ウィンドウの波に呑み込まれて、警告や指示を読まないまま、条件反射的に「確認」ボタンを押すようになる。

　不要な確認を求めないインターフェイスのいい例が、Eメールサービスの Gmail だ。Gmail では、メールを削除しようとしたときに「本当に削除してもよろしいですか？」とは訊かれない。代わりにメールは操作通り自動的に削除され、間違って消してしまった場合は操作を「取り消す」ことができるという表示が出る（図2-5参照）。ユーザーの邪魔をせず、そのうえで削除がうっ

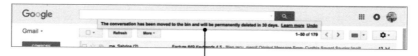

スレッドを[ゴミ箱]に移動しました。30日後に完全に削除されます。　詳細　取消

図2-5
Gmailのメールボックスの「取消」。確認を促すのではなく、黄色いバナーで、必要に応じて元に戻せることを
知らせる。

かりミスだったから元に戻したいという場合は、インターフェイスが復元し
てくれるというわけだ。

　セラック25で言うなら、エラーメッセージをもっと中身のある有用なもの
にするデザインを採用しなければならなかった。「Malfunction 54」というメ
ッセージだけでは、操作担当者に何も情報が伝わらない。入力のミスなのか、
それとも機械が故障しているのか。修理スタッフを呼ぶ必要があるのか、入
力し直せばいいだけなのか。しかも「Malfunction 54」の中身は取扱説明書
に載っていなかった。説明書すら頼りにならなかった。このメッセージには、
何がいけなくて、どうすれば修正できるかの指示が必要だった。たとえば、
入力した線量が許容範囲を超えていると伝え、誤った値が入力されている
フィールドをハイライトして、担当者がそこへ戻るようなメッセージが必要
だった。

テストは必須

　セラック25を作った人間が、デザイン（特にユーザビリティ）を発売前の要確
認リストに加えていたら、患者が命を落としたり、けがをしたりする事態は
防げたはずだ。どんなプロダクトにも厳しい締切と予算が設定されている
から、エラーメッセージの質など、製品開発サイクルの中のささいな問題の
ように思える。だから時間と労力を注ぎ込む対象として、プロダクトの小さ
な要素（訓練を積んだ少数の専門家しか使わないインターフェイス）の優先度は低くなり
がちだ。それでもセラック25をめぐる事故を受けて、こうした状況を改善
するため、国際電気標準会議（IEC）は医療機器用ソフトウェアの開発ライフ

サイクルの基準を策定した[†11]。

　こうした事故から学び、再発を防ぐには、ただ開発した企業や設計者を非難するだけでは足りない。複雑な技術の絡んだ事故のほとんどは、(組織的、管理的、技術的、さらには政治的などの)さまざまな要因が組み合わさって起こっている。絶妙なデザインのソフトウェアであっても、状況次第では予想外の振る舞いを見せる場合がある。すべてのエラーやバグをデザイナーが事前に予期するのは難しい。だからこそ、明らかな問題をしっかり解決しておくことがものすごく大切になってくる。人の命に関わるシステムは、基本的なユーザビリティのガイドラインを外れてはならないし、デザインでシステムを補足することが大きな意味を持つ。ごくシンプルなユーザーテストを実施する、つまりユーザーに実際に試作品を使ってもらうことも大切だ。そうすれば、一般的なミスはほとんど特定できる。医療機器のインターフェイスに関しては、実際の状況に即して、実際に使う人間にテストしてもらうことが必要不可欠なのだ。

ケーススタディ2：　ニューヨーク市のフェリー事故

　2013年1月9日の朝、300人の乗客が、イーストリバーを渡ってウォール街へ向かうシーストリーク社のフェリーにゆっくり乗り込んだ。いつもと変わらない、ニューヨークの通勤の風景だった。ところが停船する埠頭へ近づいたところで、いつもとは違うことが起こった。フェリーが速度を落とすどころか加速していたのだ。船は12ノットの速度(時速約23キロ)で岸壁に激突し、隣の停泊場所まで突っ込んだ。船はがくんと揺れ、乗客は床に投げ出され、ガラスの破片が降りそそいだ。フェリーがようやく止まったとき、79人の乗客が怪我をしていた。報告では、そのうち75人が軽傷で、4人が重傷だった。

　問題は何が「軽い」怪我で、何が「重い」怪我かの違いだ。統計の数値は、あいまいな言葉を使うことで簡単に印象を変えられる。大半が軽傷という知らせを受けた人は、たいていホッとするに違いない。しかしこうした発表、特に企業の広報が出す発表は注意深く受け止めなくてはならない。「軽い」怪我が、言葉の印象ほど軽いとは限らない。辞書で軽傷を引くと、こんな意

味が載っている。

> 軽傷とは、捻挫、損傷、むち打ちのことで、身体の異常や打撲、擦過、裂傷、亜脱臼その他の治療を必要とする負傷をともなう。こうした怪我をした人を説明するのに使われる。*4

この定義に従うと、骨折をした人は「軽い」怪我ということになるが、骨が飛び出るような怪我をしたり、そういうけがをしている人を見たりして「軽い」と感じる人はまずいないはずだ。ニューヨーク州保険法の第51条[†12]では、「重い」怪我を次のように定義している。

> 重大な生命の危機につながる肉体の負傷、または深刻な損傷や健康への害、身体機能の喪失や欠損につながる負傷のこと。

事故後、多くの人が首にギプスをはめ、担架に載せられて搬送された。被害者の1人は、両腕と両脚の激しい痛みで10〜15分は動けなかったと話している。事故に関する公式声明[†13]で、国家運輸安全委員会のデボラ・A・P・ハースマン議長はこう言った。「この事故を境に、人生が一変してしまった方もいらっしゃいます」

では、原因はなんだったのだろうか。速度を緩めるはずが加速したのは、装置の不具合が原因だったのだろうか。答えはノーで、事故の調査委員会は、衝突につながった機械的な問題は見つからなかったと述べた。では連絡ミスだろうか。停船手順の不備だろうか。調査報告書によれば、そうした可能性はすべて排除され、さらに船長には薬物検査とアルコール検査を実施したが、問題はなかったという。なら原因は？　実は原因はごく単純な操作ミスで、そしてその操作ミスが起こった理由は、操作盤のデザインの欠陥だった。

＊4　Financial Services Commission of Ontario. "Minor Injury Guideline." Superintendent's Guideline No. 01/14, February 2014. [††4]

事故前に橋の近くを通った際、船長は船の揺れを感じた。そこで水中のごみがスクリューに引っかかっているのかもしれないと考え、航行システムを予備モードに入れ、自分でスクリューの刃を動かす方式に切り替えた。ここまでは想定内の操作で、通常の手順だった。ところが船長はそのあと、通常のモードに戻すのを忘れてしまった。フェリーが停泊場所へ近づく中で、いつも通りの停泊の操作を行ったが、予備モードのままだったせいで、船は減速するかわりに加速してしまった。

　船長をさらに混乱させたのは、船に3種類のコンソールがあることだった。船の両舷にひとつずつと、真ん中にひとつ。いつも通り停船の操作手順を終えた船長は、停泊場所がよく見えるようにと、操舵を右側のコンソールに移した。そこでフェリーが減速していないことに気づき、コントロールの移管でミスをしてしまったかもしれないと中央のコンソールへ走ったが、やはり反応がない。問題の原因がわからないまま、船長は制御盤のあいだを右往左往し、そして数秒後に船は岸壁に激突した。

　調査委員会によると、船長はまじめで経験豊富な人物だった。造船会社

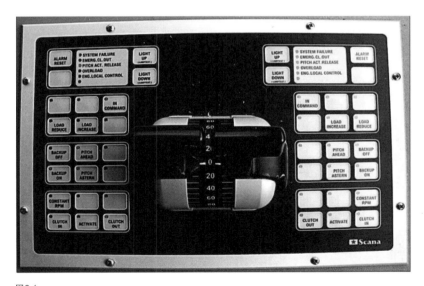

図2-6
フェリーの操作コンソール。たくさんのボタンとモードの中から、「予備オン（backup on）」のボタンを見つけるのにどのくらいかかるだろうか（出典：国家運輸安全委員会）。

で訓練を積んだだけでなく、今回の航行システムについても、ほかの船長たちと一緒に訓練を受けていた。ところが経験と訓練を重ねていたにもかかわらず、ミスは起こった。その理由は、コンソールの写真を見ればすぐにわかる (図2-6参照)。

　少し時間を取って、たくさんのボタンとモードの中から、小さなランプの付いた「予備オン (backup on)」のボタンを見つけるのに何秒くらいかかるかを計ってみてほしい。見つかっただろうか。見つからないなら、左のほうを探してみるといい。ほかにも、船のコントロールがこのコンソールにあるか、それとも別のコンソールにあるかが、この写真からわかっただろうか。複数のモードがあるデザインパターンを採用するときは、現在のモードの影響を受けている要素がインターフェイスで常にはっきりわかるようにしなくてはならない。ニールセンのユーザビリティの原則その1を思い出してほしい。

1. システムの状態がわかるようにする
   システムは常に、適切なフィードバックを通じて、妥当な時間内で、何が起こっているかをユーザーに知らせなければならない。

｜ 視覚的なフィードバックを適切に使う

　小さな赤いランプ〔訳註：原書ではカラー図版が掲載されているが、点灯したランプは探しづらい〕は、こうした重要な機能の視覚フィードバックとして適切とは言えない。逆に、iPhone のホーム画面の「ダンス」モードはいい例だ。iPhoneでは、ホーム画面のなんらかのアプリアイコンを長押ししていると、そのアイコンがゆらゆらと動き始める。これは、アイコンをドラッグして動かせる状態になったことを示している (図2-7参照)。ユーザーは「閲覧モード」から「編集モード」へ移ったわけだ。画面がゆらゆらと動き続けているおかげで、今はアイコンをタップしてもいつも通りアプリが起動するわけではないことがわかる。同じように、このモードの影響を受けるあらゆる要素が (といっても、影響を受けるのはアプリアイコンの要素だけだ)、いつもとは違った動きを見せる。影響を受けない要素、たとえば充電レベルや時計といった部分は普段と変わ

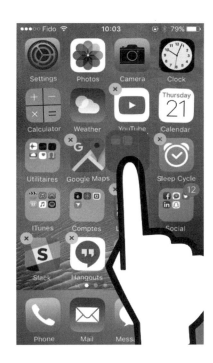

図2-7
iOSでは、アイコンが揺れていることが、アプリを移動させたり、削除したりするモードに入っているサインになる。

らない。

　フェリーの操作盤で言えば、デザインが操作する人の邪魔をしていた。今選ばれているモードに関係する機能をインターフェイスで強調できていなかった。そしてちょっと集中が逸れただけで、小さな赤いランプを見逃し、いつもと同じ操作がいつもと正反対の結果を生むことを忘れてしまった。デザインは常に、ミスとユーザーの認識負荷を減らす働きをすべきだ。ミスを避けるためユーザーに負担を強いるものは、いいデザインとは言えない。くしゃみや近くを飛ぶ鳥、インターコムからの連絡……そうした小さなものが、致命的なミスにつながるようなことがあってはならない。政府の報告書では、75人が負傷した原因はデザインにあると書かれている。本当に悲しい話だ。

ケーススタディ3：　フォード・ピント

　1960年代後半、米自動車メーカーのフォードは、手頃な値段の準小型車

図2-8　フォード・ピント（Flickrから、ジョー・ハウプト氏の好意により提供）。

を製造する国外メーカーとの激しい競争にさらされていた。そんな中で、フォードは壮大な目標を掲げた。総重量900キログラム以下で、値段も2000ドルを下回る新型車という目標だ。それが消費者のニーズだとフォードは見込んだが、準小型車の市場で勝つのは困難を極めた。消費者はローエンドの車を探していて、価格はとても重要だった。値段が25ドル上がっただけで市場から締め出されるほどだった。こうした環境の中で、フォード・ピント（図2-8参照）は急ピッチで製造され、1970年に市場へ送り出された。はじめの数年はよく売れ、フォードは業界の二番手となり、フォード車は「買い」だと言われた。ところがその最初の数年で、時速30〜45キロ程度で追突されただけで車が炎上する事故が何件も報告された。もう少し速いスピードで衝突しようものなら、車の後部とドアがぺしゃんこにひしゃげ、運転手と同乗者は燃えさかる車に閉じこめられることになった。原因はガソリンタンクのデザインと位置の欠陥で、少なくとも180人が事故で死亡したことが知られている。

　もちろん、読者のみなさんのほとんどはタンクの製造業者ではないだろう

し、自動車産業の関係者も多くはないだろう。それでもフォード・ピントを例に取り上げたのは、デザインのミスだけでなく、製造から販売に至る経緯と、発売が断行された理由を知ってもらいたいからだ。そう、実はフォード・ピントのタンク位置の問題は、製造に入る前からわかっていたことだった。

ピントでは、ガソリンタンクがリアバンパーのすぐ下、車軸のうしろに置かれていた。だからうしろから衝突されると後部が潰れてタンクがほかの部品に押しつけられ、容器が裂けてガソリンが漏れ出す。給油口が壊れてガソリンが漏れることもあり、そうなると気化したガソリンが車を包んで社内にも入り込んだ。この時点で、火花が起これば爆発が発生する状態になっている。そして車同士の衝突では、金属の摩擦や電気系統のショートで火花が起こるのが普通だった。さらに恐ろしいのは、ドアがひしゃげて車内の人間が閉じこめられることだ。ピントを担当したエンジニアとデザイナーは、なんの理由もなくタンクを後端に置いたわけではなかった。タンクは車軸のすぐ上に置くこともできたし、実際に大半の準小型車ではそうなっていた。しかしそれだと車のデザインを変更しなくてはならず、重心も変わってくる。車軸の上に離して置く手もあったが、今度は貴重なトランクのスペースが奪われてしまう。だからリアバンパーの裏に置くことにした。

1977年の『マザー・ジョーンズ』誌に掲載された記事で、とあるエンジニアが、当時のフォードの製造現場の雰囲気をこう話している。

「この会社を動かしているのは、エンジニアではなくセールスマンだ。だから安全よりも見た目が優先される」。フォードのガスタンクの安全について、この技師はそう話す。

ルー・タベンはフォードでも有数の知名度を誇るエンジニアだ。人当たりのいい社交的な男で、車の安全を心から気にかけている。1971年までに、ガソリンタンクの品質に不安を感じたタベンは、もっと安全なタンクのデザインのプレゼンテーションをやらせてくれないかと上司に訴えた。上司も製造過程で安全性への懸念を抱いていたため、ゴーサインを出し、プレゼンの日取りを決めて、会社のエンジニア全員と製品計画部の幹部に招待状を出した。ところが当日に

現れたのはたった2人、タベンと上司だけだった。

「要するに」先の匿名エンジニアは、皮肉めいた口調で続ける。「あの会社には、点火装置の安全のことを考えてる人間などほとんどいなかったんだ。頻発する事故の報告を読み、炎に包まれた人たちの写真を目にしなくちゃならないのはほとんどがエンジニアだ。だけどみんな、そんなものは見たくなかった。事故は避けたい話題だった。安全性が会議で議題になることはなかったし、覚えている限りでは、1956年の短い時期を除けば、安全という言葉が広告に載ったのも見たことがない。多分、会社はアメリカの消費者が安全を意識しないようにしたかったんだと思う。意識すれば、安全を求めるようになるから」[*5]

身につまされる話だ。フォード・ピントの担当エンジニアはステークホルダーの要求を満たそうと全力を尽くし、同時にデザインの安全性にも疑問を投げかけた。それでも会社全体として考えていたのは、利益と売上のほうだった。

ピントが発売された1970年には、会社はすでに、うしろから衝突されれば車が激しく炎上する恐れがあるということを把握していた。1972年までには、少なくとも衝突テストが追加で6回実施され、時速約20〜50キロの範囲で検証が行われた。当初のデザインと、衝突のショックを和らげる小さな部品をはめた改良版のデザインの両方がテストされ、改良版のほうがガソリン漏れや爆発のリスクが減ることがわかった。車の安全性を大きく高めるその部品は、値段が5〜11ドルだった。そこで、経営陣は費用便益分析を行い、まず次のように改修の費用を見積もった。

1250万台×1台当たり11ドル＝1億3750万ドル

そして次に、改修しても元が取れるかを計算するため、改修しなかった場

＊5　Dowie, Mark. "Pinto Madness." *Mother Jones* (September/October 1977): 18–32. [†††5]

＊6　Birsch, Douglas, and John Fielder (eds.). *The Ford Pinto Case: A Study in Applied Ethics, Business, and Technology*. Albany, NY: State University of New York Press, 1994.

＊7　Grush, E. S., and C. S. Saunby. "Fatalities Associated with Crash Induced Fuel Leakage and Fires." Internal Ford memo. [†††6]

26 Part I The Pinto Controversy

WHAT'S YOUR LIFE WORTH?

Societal Cost Components for Fatalities, 1972 NHTSA Study

COMPONENT	1971 COSTS
FUTURE PRODUCTIVITY LOSSES	
Direct	$132,000
Indirect	41,300
MEDICAL COSTS	
Hospital	700
Other	425
PROPERTY DAMAGE	1,500
INSURANCE ADMINISTRATION	4,700
LEGAL AND COURT	3,000
EMPLOYER LOSSES	1,000
VICTIM'S PAIN AND SUFFERING	10,000
FUNERAL	900
ASSETS (Lost Consumption)	5,000
MISCELLANEOUS ACCIDENT COST	200
TOTAL PER FATALITY: $200,725	

命の価値は

人身事故の社会的な損失の内訳に関する、NHTSAの1972年の研究

科目	1971年時の費用
将来の生産に対する損失	
直接	$132,000
関節	41,300
医療費	
入院	700
その他	425
不動産の損傷	1,500
保険	4,700
裁判と法廷	3,000
雇用主の損失	1,000
被害者の痛みと苦しみ	10,000
葬儀	900
資産（消費に対する損失）	5,000
雑費	200
合計　$200,725	

図2-9
「命の価値は」と題された表。フォードの歴史的な事件では、人命の値段を算出するのにこの研究が参考にされた。

合の代償を計算した。会社は事故の件数をおよそ2100件、そのうち死者は180人で、ひどい火傷を負った人が180人と見積もった。そして、米運輸省高速道路交通安全局（NHTSA）が1972年に発表した報告を参考に、人命に値段を付けた（図2-9参照）*6。報告では、人1人の命は20万ドルということになっていた（2015年のレートに換算すると120万ドル）。重傷者への弁償金は平均6万7000ドル。こうした情報を総合して算出した事故の代償が、次のようなものだった*7。

（死者180人×20万ドル）＋（火傷をした人180人×6万7000ドル）＋
（炎上した車2100台×1台当たり700ドル）＝4950万ドル

フォードはこうして、修正費が1億3700万ドルかかるのに対し、損害賠償は4950万ドルで済むと見積もった。そうやって、問題を解決するほうが、放置して弁償するよりもはるかにお金がかかると結論づけ、直さないほうを選んだのだった。

血も涙もない計算だ。ではなぜ、企業はこうした倫理観に欠ける決断をするのだろうか。ノーベル経済学賞を受賞した有名なミルトン・フリードマンは、費用便益分析の裏にある原理を説明している[†14]。ある学生からピントの事件について質問されたフリードマンは、こう答えた。「1億ドル以上の費用がかかるのに、安全ブロックを付ける理由がどこにあるのか」と。そして、フォードの計算方法は「原理的に」正しかったと主張した。正しいというのは、計算に使った数字が適切だったというだけではなく、企業が活用できるリソースは限られていて、そしてどの会社も、決断の際には人命に値札を付けなくてはならない場合があるという意味だ。フォードはこうした論理に基づいて直さない決断を下し、そしてその論理はフォード以前も以後も、多くの会社が採用している。しかし、こうした考え方は明らかに物事を単純化しすぎた危険なものだ。この計算式からは、被害を受けた人の苦しみという要素が抜け落ちている。命の価値とはなんだろう。フリードマンは、人命にも一定の価値を定めざるを得ないし、でなければリソースはいくらあっても足りないと主張した。

　確かに原理としては正しいのかもしれないが、こうした考え方を続けていると、数字ばかりに目を向けて、フォードのような決断をしても違和感を覚えなくなってしまう。損害の隠れた代償も見落とす。たとえばメディアで批判され、消費者の信頼を失う代償は甚大だが、数値には変換しづらい。数値で表せる変数（命と価値）を検討してビジネス判断を行うことで、フォードは別の変数（心の傷や苦しみ、ブランドの信用、従業員の志気など）を意思決定のプロセスからあえて締め出した。もし、この決断に関わったフォードの幹部が、消費者の命を尊いものと考え、強い倫理観を保ち、エンジニアの声に耳を傾けていれば、別の解決策を模索し続けていたはずだ。完璧な正解ではないにしても、何も言わないよりはるかにいいし、消費者にも選択肢が生まれる。リスクがあっても安い車がいいというならそれでいい。しかし、気になるなら11ドルをプラスして安全性を高めるという選択肢を買い手に示すやり方

＊8　Wojdyla, Ben. "The Top Automotive Engineering Failures: The Ford Pinto Fuel Tanks." *Popular Mechanics*, May 20, 2011.[††††7]

もあったはずだ。

　この話には興味深い続きがある。フォードのエンジニアとデザイナーは実際に、問題の別の解決法を見つけ出した。タンクの内側にゴムの袋を緩衝材として入れ、さらにボルトとタンクのあいだにプラスチックを入れて絶縁するやり方で、費用は1ドルもかからなかった。

　ところがこうした新しい安上がりな解決策が見つかったあとも、車はそのまま生産ラインにのり続け、その結果さらに180人が命を落とし、24人が深刻な火傷を負った[8]。というより、これは訴訟に持ち込まれた数なので、実際の死傷者はもっと多い可能性がある。ところがフォードは被害者を軽視するだけでなく、自動車安全法に反対するロビー活動まで行った。おかげで法案の可決は何年も遅れ、当初の費用便益分析に基づく「黒字」は増え続けた。しかし結局は、フォードの計算は裏目に出た。訴訟費用が予想よりもはるかに高くついたのだ。運転手が事故で死亡したある事例では、深刻な火傷を負って体に障害の残った少年に対し、フォードは350万ドルの賠償を命じられた。会社はすぐにすべての訴訟で示談を持ちかけるようになり、最終的には影響のあった車150万台をすべて回収して修理する羽目に陥った。フォードの社長はのちにこう振り返っている。

　　(訴訟に負ければ) 会社が破産する恐れもあった。だからわれわれは口を閉ざし続けた。何か言って、陪審の1人にでも「連中は罪を認めた」と思われるのが怖かったのだ。裁判に勝つのがわれわれの最優先事項で、ほかはすべてあと回しだった。しかし当然ながら、沈黙は会社やフォード車への疑惑を深めただけだった[9]。

┃ 疑問を深く掘り下げる

　決まった数値を代入すればいい単純な費用と利益の計算に思えたものが、実は非常に複雑だったということはよくある。お金をかけて問題を修正する

---

[9]　リー・アイアコッカ『トーキング・ストレート』(徳岡孝夫訳、ダイヤモンド社、1988年)

か、修正せず結果に対処するかのジレンマを解決するには、もう一段深い考え方をしなくてはならない。ただ「やるべきか」とか「やる価値があるか」と自問するのではなく「もっといい解決策はないか」を考えるようにするのだ。ひとつの案で問題が解決することなどめったにない。たいていは別の解決策が少し深いところに隠れている。フォードがもっと高い倫理規定を備えていて、別の解決策を見つけるよう従業員に促していたら、きっと費用対効果に優れた対策がすぐに見つかり、会社も高い賠償金を支払わず、ブランドの評価を保ち、何より何人もの命を救えたはずだ。

ケーススタディ4： エールアンテール148便

1992年1月20日の冷え込む夜、クリスティアン・エッケを機長、ジョエル・シェルバンを副操縦士とするエールアンテール148便は、リヨンのリヨン・サン＝テグジュペリ国際空港を飛び立った。両パイロットは2人合わせて1万2000時間の飛行時間を持つベテランで、フライトはストラスブール行きのビジネスマンが多い短距離便だった。エールアンテール社は回転率の高さを誇りにしていて、短距離便を時間通りに運行させたパイロットには奨励金を出していた。機体はエアバスA320で、離陸前から着陸先の滑走路がプログラムされていた。ところがその晩は、空港へ近づいたところで管制塔から連絡が入り、天候が良くないので別の滑走路を使うよう指示が出た。飛行機のオートパイロット・システムは、滑走路の指示灯が発する無線信号を受信して、正確な航行情報を割り出す。ところがその日は、悪天候と山がちな地形が災いして信号がうまく届かなかった。そこで管制員は、別の指示灯のほうへ向かうよう促した。機長も同意し、降下手順を計算し直してオートパイロットをプログラムした。スムーズな降下角度として、3.3度という正しい数値をはじき出し、機器に入力した。そして最後の旋回を行って滑走路と指示灯に向きを合わせ、方向を調整し、プログラムした降下シークエンスに入った。車輪が出て、翼のブレーキが上がった。すべては予定通りに進んでいたが、ちょっとした微調整が必要だったので、2人はその作業に取りかかった。そのとき機体が突然に雲海を抜け、眼前に山肌が広がった。もの

の数秒で機体は森に突っ込み、サン＝オディール山の尾根の標高826メートル地点に墜落した。

　その日のうちに87人が死亡し、奇跡的に怪我で済んだのは9人だった。

　ブラックボックスが使いものにならないほど焼け焦げていたため、調査には時間がかかった。調査担当者はその後、機体前方の別のレコーダーから音声を含めたデータを収集した。わかったのは、最後の旋回を行ったあと、通常の2倍以上の急激な角度で機体が降下していたことだった。それだけ一気に高度を下げていなければ、機体は楽に山を越えられたはずだった。ところが、実際には1分間も降下した末に墜落した。では、パイロットはなぜそのことに気づかなかったのか。ひとつの異常が判明し、その答えがわかった。レコーダーには「降下角度3.3度」という機長の声が録音されていたが、実際の角度は11度で、そして降下中の垂直速度が毎分3300フィートだったのだ。飛行機の降下には、飛行経路角(flight path angle、FPA)と垂直速度(vertical speed、VS)という2種類のモードがある。パイロットはどちらのモードを使ってもいいが、モードによって使う単位が変わってくる。FPAモードの場合は、小数点を挟んだ2桁の数字を入力する。たとえば－3.3と入力すれば、降下角度が3.3度になる。一方でVSモードの場合は、1分当たりの降下フィート数を入力する。そしてこのモードでは、毎分－3300フィートは短縮してただ－33とだけ入力される。ディスプレイを見ると (図2-10参照)、両モードの違いは小数点の有無と数字の上の小さな文字だけなのがわかるはずだ。さらに悪いことに、飛行機のコックピットにはいくつものつまみやランプ、操縦桿、ディスプレイがあって、この部分だけを注視しているのは難しい (図2-11)。148便の重大事故では、機長がモード選択のつまみを切り替えるのを忘れて「－33」と入力してしまった。そして表示されている数字が非常に見分けづらかったせいで間違いに気づけなかった。

　そのまま着陸シークエンスに入った時点で、飛行機が猛スピードでのダイブを始めたのと同義だった。そして1分もたたずに山に激突した。雲はとても厚く、機長たちは山が迫っているのが見えなかった。飛行機のパイロットならみな知っていることだが、コックピットにいると、機体が上昇しているのか降下しているのか、スピードを上げているのか緩めているのかは (特にま

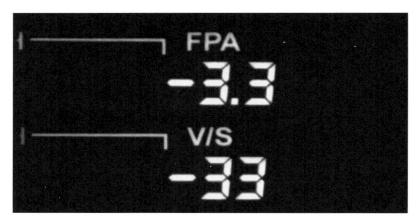

図2-10
上が飛行経路角モードで、下が垂直速度モード[†3]。

図2-11
エアバス320系統のコックピット。降下角度の表示は矢印の位置
（画像はラルフ・ローレチェックの好意により提供[††4]）。

わりを雲に覆われているときは)体感ではわからない。現状に関する情報は、機器とインターフェイスだけが頼りだ[*10]。この事故では、モードというユーザーの混乱の元凶として悪名高い仕組みを採用したデザイナーの小さな決断[*11]、そしてディスプレイ上のよく似た2種類の数字(まったく異なる単位を、2桁の数字を表示するディスプレイに合わせて似たような形で表示したこと)が、87人の命を奪った。このデザイン上の欠陥が見つかった時点で、同じ型の別の機体も墜落のリスクを抱えているのは明らかだった。だから問題を修正して、パイロットが同じ過ちを繰り返さないようにしなくてはならなかった。

モードにかわる別の仕組み

　モードがミスの原因になった事例が、すでに3個も紹介されているのは偶然ではない。モードがユーザビリティの面で非常に難があるといういい証拠だ。インターフェイス・デザインの観点では、「モード(Mode)」とは、ユーザーが同じ値を入力しても、それぞれ返ってくる結果が異なる設定を指す。この定義に沿って考えるだけでも、大きな問題が浮かび上がってくる。物理学の世界で、同じ値を入力した結果がまったく異なる(それどころか、ときにはまったく正反対の)ものになるということは普通ありえない。『ヒューメイン・インタフェース──人に優しいシステムへの新たな指針』(村上雅章訳、ピアソンエデュケーション、2001年)の著者、ジェフ・ラスキンは「モードはミスや混乱、不要な制約、インターフェイスの複雑化の大きな原因になる」と言う。

　ラスキンはモードの危険性をはっきり訴えて、別の仕組みとして「クオシモード(quasimodes)」というものを提案している。クオシモードとは、ユーザーがある物理的な操作をし続けないと現状を維持できない、だから今そのモードが選択されていることを忘れようにも忘れられない状態を指す。

　わかりやすい例がキーボードの Shift キーだ。Shift キーは、押しっぱな

＊10　Johnson, Eric N., and Amy R. Pritchett. "Experimental Study of Vertical Flight Path Mode Awareness" International Center for Air Transportation, March 1995. †††8

＊11　たとえばヤコブ・ニールセン『ユーザビリティエンジニアリング原論─ユーザーのためのインタフェースデザイン(情報デザインシリーズ)』(篠原稔和、三好かおる訳、東京電機大学出版局、2002年)第5章などを参照されたし。

Username ユーザー名

admin

Password パスワード

●●

WARNING: CAPS Lock is on　警告：Caps Lock がかかっています

☐ Remember Me
パスワードを記憶する

Log In
ログイン

Lost your password? パスワードを忘れた方はこちら

← Back to Test Site 試用サイトへ戻る

図2-12
WordPress のログイン画面。Caps Lock がかかっているとエラーメッセージが表示される。

しにしていないと入力のモードを変えられないという点で、間違って押した
り、単に戻し忘れたりして有効になってしまう Caps Lock キーとはまったく
異なる。この問題は頻発するので、今ではパスワードの入力欄には「Caps
Lock 検知機能」が付いていることが多い(図2-12参照)。

　飛行機では、ある降下モードを維持するために、パイロットがボタンを押
しっぱなしにしたり、ペダルを踏みっぱなしにしたりするのは現実的ではな
い。そんな操作を強制したら、別の事故につながる恐れもある。だからこの
場合は、インターフェイスを使ってさまざまなフィードバックを返し、今使
われているモードを補助、強調する必要がある。Caps Lock キーでは触覚
と視覚を組み合わせたフィードバックが使われているが、コックピットにふ
さわしいのは音声と視覚を組み合わせたものだろう。少なくとも、(複雑な計
器盤上では見落としやすい)小さな文字情報だけでは足りないのは間違いない。

危機的状況のためのデザイン

　2007年、この本の著者の1人シンシアは、親友の男性を11回も刺した。それは、友人の命を救うためだった。ものすごくお粗末なデザインのプロダクトのせいでそうせざるを得なかった。悲劇的なデザインというテーマに関心を抱くようになったのも、この出来事がきっかけだ。そのときのことを、シンシア本人に語ってもらおう。

　大学へ入る前のこと、私は貯金を切り崩し、友だちのヴァルとフレッドと一緒に、バックパックひとつで中米を何カ月かかけて回る旅行に出かけた。言ってみれば、世界を自分の足で確かめる旅だ。そうした“秘宝探し”の旅の途中、私たちはグアテマラのリオドゥルセに立ち寄り、有名なユースホステルに泊まった。建物は川に打ち込んだ「ピロティ（piloti）」という柱の上に建っていて、車では行けず、ボートでしか近づけなかった。

　その朝、みんなで朝食を取ったあと、ヴァルは泳ぎに出かけた。何分かして、フレッドが気分が悪いと言い出した。ぜえぜえいっていたからぜんそくだと思い、私の吸入器を貸したけど効果がない。そこでキッチンへ行って朝に食べたシリアルをよく調べたところ、アーモンドが入っていることに気づいた。そう、もうおわかりのとおり、フレッドにはアーモンドのアレルギーがあった。アナフィラキシーを起こしていて、そしてアナフィラキシーは、アレルギー反応の中でも命に関わりかねない危険な症状だった。体が過剰に反応してショック状態を引き起こし、すぐに治療しなければ致命的な事態になることもある。

　幸い、フレッドはエピネフリンの注射器を持ってきていた。エピネフリンは、気道近くの筋肉を緩めて呼吸をしやすくし、命を救う物質だ。しかし効果は長続きせず、打ったあとはすぐに本格的な治療を受けないといけない。フレッドは以前から「何かあったら自分で打たないといけないな」と言っていた。その言葉に、私はいつもホッと胸をなで下ろしていた。太い針を友だちの脚に突き刺さなくてはいけないと思うとひどくぞっとした。だから私は

注射器をフレッドに渡したが、アレルギー反応が強くなっているせいで手がこわばり、注射器をしっかり持って自分で刺すのは無理だった。

フレッドからその不気味な円筒形の器具を渡され、私はホステルのデッキで1回目の注射を行った。それでも、これは多少の時間稼ぎにしかならず、一刻も早く病院へ連れて行かなければならないことに変わりはなかった。

恐ろしいほど長い10分が過ぎ、私たちはようやくボートに乗り込んで最寄りのクリニックへ向かった。ところが時間がだいぶかかったせいで、フレッドは、もう1回エピネフリンを打たなくては気道が確保できない状態に陥っていた。ありがたいことに、フレッドが持ってきていたのは「ツインジェクト」という、1本で2回使えるタイプの商品だった。猛スピードで川を渡りながら、私は2回目の注射を打った。しかし効果なし。もう1回試したが効き目はなかった。

私はなんとか気持ちを落ち着けようとしたが、いったい何がいけないのかがわからない。そこで意を決して、容器に巻きつけてある長い説明書きを読むことにした（図2-13参照）。

ところが指示の中身がわからず、私は完全にパニックに陥ってしまった。

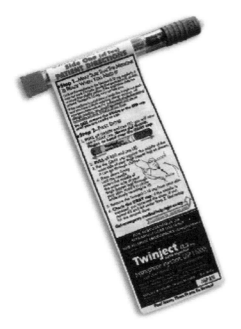

図2-13
エピネフリンの注射器。指示の書かれた紙が本体に巻きつけてある。指示は裏にも書いてある[††5]。

手順を端から端まで何回も読み返したが理解できない。薬が透明な筒の中に残っているのが見えるのに……。私は我を失って、フレッドの太ももに何度も針を突き刺し、そして11回目でなぜだかうまくいった。どうしてうまくいったのかはいまだにわからない。単純に、容器が脚の中で割れて薬が直接流れ込んだんじゃないかと思う。

　町へは2、3分で着き、フレッドは十分な治療を受けることができた。何時間か経って病院をあとにしたとき、フレッドは少し震え、(私が刺しまくったせいで)太ももに大きなあざを作り、疲れきっていたが、それでも生きていた。しかしもしかしたら、まったく別の結果に……もっと悪いほうに転んでいた可能性だってあったのだ。それも、いくつものひどいデザインが採用されたせいで。

　今では私も、自分がやらなくてはいけなかったのはただひとつ、注射器の頭に付いている黄色いキャップを外す(図2-14参照)ことだとわかっている。YouTubeの解説動画を見たからだ。今から振り返ればこの上なく簡単なことのように思えるし、たいていのことはそういうものなのだとも思う。一体

黄色のキャップを滑らせて外してください。

Slide YELLOW collar off plunger.

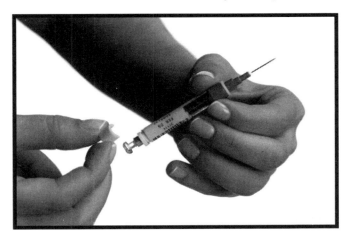

図2-14
2回目に使うときは、黄色のキャップを外す必要がある[††6]。

なぜ、あのときの私はこんなにも簡単な指示を見落としたのだろうか。まず、その瞬間を想像してみてほしい。私たちは猛スピードで水を走る小さくて不安定なボートに乗っていた。水面は波立っていたし、風にあおられた前髪が私の顔を叩いていた。ボートにはほかに、状況がまったくわかっていない別の旅行者が2人乗っていて、気が動転して叫んでいた。ボートを操縦している人は私に向かってスペイン語で何事か叫びかけていたが、当時の私はまだスペイン語を覚えていなかったし、そして何より、私の耳にはフレッドの苦しそうな息づかいと、叫んでいる旅行者の1人に向かって「手を握ってくれ」と頼む声が聞こえていた。

どういうわけか、このキャップがそのときの私の目には入らなかった。色が黄色だった（キャップの色は何種類かあって、黄色は一番多い色ではなかった）のと、焦っていたのとで、説明のこの部分を見逃してしまったのか。それとも、風にはためく説明書きの、両面に細かい字でびっちり書かれた手順の9番目の項目だったからか。友人を落ち着かせつつ、同時にスペイン語で指示してくるボートの運転手をあしらいながら読もうとしていたせいか。プラスチック部分をデザイン上の飾りだと思っていたせいか。それとも単純に、緊張した状況で、パニックを起こして指示にきっちり従えなかっただけか。

人の命を救いたいなら、もっと別の仕事を選ぶ。UXデザイナーなんかじゃなく、警察官や医師、看護師、医療スタッフ、そういった仕事に就けばいい。少なくとも、その日まではそう思っていた。

以前はこの話をするたびに、指示に従えなかったことをどうにか正当化しなくちゃと感じていた。自分は底なしの間抜けじゃないと、みんなを納得さ

＊1　Guerlain S., L. Wang, and A. Hugine. "Intelliject's Novel Epinephrine Autoinjector: Sharps Injury Prevention Validation and Comparable Analysis with EpiPen and Twinject." *Annals of Allergy, Asthma & Immunology* 105 (December 2010): 480–484. doi:10.1016/j.anai.2010.09.028

＊2　Guerlain, Stephanie, Akilah Hugine, and Lu Wang. "A Comparison of 4 Epinephrine Autoinjector Delivery Systems: Usability and Patient Preference." *Annals of Allergy, Asthma & Immunology* 104:2 (2010): 172–177. doi:10.1016/j.anai.2009.11.023
See also Camargo, C. A. Jr., A. Guana, S. Wang, and F. E. Simons. "Auvi-Q Versus EpiPen: Preferences of Adults, Caregivers, and Children." *Journal of Allergy and Clinical Immunology: In Practice* 1:3 (2013): 266–272. doi:10.1016/j.jaip.2013.02.004

＊3　Money, A. G., J. Barnett, J. Kuljis, and J. Lucas. "Patient Perceptions of Epinephrine Auto-Injectors: Exploring Barriers to Use." *Scandinavian Journal of Caring Sciences* 27:2 (2013):335–344. doi:10.1111/j.1471-6712.2012.01045.x

せないといけないと思っていた。まるで、卵をむけなかったり、缶切りを使えなかったりする通販番組の出演者のように……。それでもこの件をよく調べてみると、すぐに問題は私自身ではないことに気づいた。この注射器の使い方をテーマにしたある研究に「エピペンやツインジェクトを使った人の半分が、思いどおりに使えなかったり、怪我をしたりしたことがある」と書かれていたのだ[*1]。

半分の人が使い方を間違えたのなら、製品そのものに問題があると言っていいだろう。この注射器で言えば、キャップの想定用途をもっと明確にし、わかりやすく簡潔な指示をし（すべての手順に写真を添えて）、もっと大きな字で書いてあれば私も助かったはずだ。

2回使えるツインジェクトは、今では販売が終了している。最新型のエピネフリン注射器には、使い方を示した音声メッセージが付いている。4種類の注射器を対象に、使いやすさと使用者の評価を比較したある調査によれば、音声付きのものではミスの回数が大幅に減り、しゃべらない注射器よりもはるかに好まれたという[*2]。見た目の美しさにも大きな役割があることが別の調査で指摘されていて「武器」のような見た目だと持ち歩きたがらない人が増えるそうだ[*3]。見た目を魅力的にすれば、救える命も増える。それは、とても素敵なことではないだろうか？

フォルトツリー分析

実際に起こる可能性のある危険なシナリオを予測するために、私たちは他分野から拝借したツールを使いながら、リスクを減らす方法を考えている。フォルトツリー分析 (Fault tree analysis、FTA) もそのひとつだ。宇宙航空や原子力、科学、薬学の分野で使われている手法だが、システムにエラーが起こるプロセスを理解するのにも応用できるし[†15]、危険な状況や、危険につながりそうな要素を網羅するのに便利だ。さらに、診断ツールやユーザーマニュアルのひな形としても使える。フォルトツリーの書き方には IEC 61025[†16]

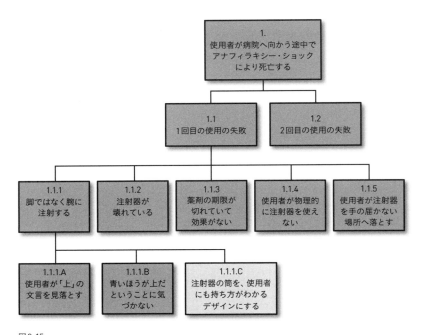

図2-15
エピネフリン注射器のフォルトツリー分析。こうした簡単な分析でも、使用者を傷つけるリスクを減らす、デザイン上の要件のヒントが得られる。

のような国際規格もあるが、デザイナーにはもう少し簡素化したもので十分だと思う。やり方はごくシンプルだ。まずは望まない結果を書き出し、そこから逆算して、その結果につながる要素をすべて挙げていく。ここではシンシアの話に出てきたツインジェクトを例にしよう（図2-15参照）。この注射器では、次の（1）が望まない結果になる。

（1）　使用者が病院へ向かう途中でアナフィラキシー・ショックにより死亡する

　大切なのは、最初は常に最悪の結末からスタートすることだ。それを頂点として逆算し、そこへ至る道のりを決めていく。

（1.1）　1回目の使用の失敗

（1.2）　2回目の使用の失敗

　次は1.1から分岐して、その原因となりそうな要素を次のように明らかにしていく。失敗の原因として、私たちが書き出したものはこうだ。

（1.1.1）　脚ではなく腕に注射する

（1.1.2）　注射器が壊れている

（1.1.3）　薬の期限が切れていて効果がない

（1.1.4）　使用者が物理的に注射器を使えない

（1.1.5）　使用者が注射器を手の届かない場所へ落とす

そして、次のような事態を防ぐ対策を分析する。

（1.1.1.A）　使用者が「上」の文言を見落とす

（1.1.1.B）　青いほうが上だということに気づかない

　これを見ると、すべて視覚に関するものだということがわかるはずだ。さらに、別の感覚を使った対策を加えてもいい。たとえば、注射器の筒を使用者にも持ち方がわかるデザインにするというのはどうだろう（方法はどうするか？　のこぎりやナイフの持ち手を思い浮かべてほしい。あのデザインなら、誤って刃のほうを握ってしまうことはないはずだ）。この要領で、1.1.2以降についてもツリーを広げていく。

　こうしたリスク分析のツールは、いろいろな分野にたくさんある。ほかにおもしろいものとしては、たとえば根本原因解析（Root Cause Analysis、RCA）やなぜなら分析（Why Because Analysis、WBA）がある。事後ツール、つまり起こってしまった事故から教訓を得るのに使いたいなら、こちらの2種類のほうがふさわしいかもしれない。

結論

　正しいことをし、ユーザー第一の姿勢と卓越した倫理観を保ち、コストは二の次にすれば、結局はそれが会社の利益になる。アップルはその原則の最高のお手本だ。2011年までアップルのCEOを勤めたスティーブ・ジョブズの有名な言葉に「顧客の体験からスタートして、そこから逆算しなくてはならない」というものがある。iPodの開発にあたって、アップルはユーザーの体験にかつてなく気を遣った。出荷前に本体を必ず充電し、パッケージにお金をかけ、箱の中まできれいに整えた。どれもお金がかかったが、使う人のことを考えて作られているのが購入者にも伝わった。テスラ社の電気自動車モデルSもそうだ。2011年、NHTSAは自動車の安全基準を厳格化した。自動車産業の新参メーカーであるテスラには、やるべきことが山積していた。だから、検査を通過して「全カテゴリー五つ星」の承認シールをもらえさえすればいいという考え方もできたはずだ。それでもテスラは、史上最も安全な車を作り、5段階中5.4という評価をもらった。いくつかのカテゴリーでは、次に成績が良かった車の2倍の点数を獲得した[*12]。これぞ、顧客を第一に考えた真摯なものづくりの姿勢というものだ。新しい会社には、早く利益を出せという投資家からの大きなプレッシャーがかかっているというのに。

　デザインやプロダクトの弱点を書き出していると、どうしても自分に言い訳をしたくなる。簡単な計算をして、再度の手直しにリソースを注ぐのはもったいないと判断してしまう。それでも、デザイナーは常に自分を戒め、もっときちんとした計算をしなくてはならない。人を物理的に傷つけるリスクがあるならなおさらだ。私たちは、ユーザーの命を預かっていることの重みを、常に感じていなくてはならない。命がかかっているのがあなたの愛する人、いや、あなた自身のことだってあるのだ。私たちデザイナーは、誰がユーザーでもそういう考え方をしなくてはならない。

＊12　Bartlett, Jeff. "Tesla Model S Aces Government Crash Test." *Consumer Reports*, August 21, 2013. †††9

この章のポイント

1. | ひどいデザインは人を傷つけ、命を奪うことすらある。「軽傷」という表現には注意が必要だ。この言葉を使うと、本当は重大な事故が軽く見えてしまう。

2. | 傷つく原因はミスだけではない。つたないプロセスやユーザビリティの基準の欠如、ユーザーテストを怠ったことが原因の場合もある。

3. | 数値は共感の対極に位置する指標だ。数値は人間から個性や特徴を奪いとる。

4. | 複雑な技術の絡んだ事故のほとんどは、(組織的、管理的、技術的、さらには政治的などの) さまざまな要因が組み合わさって起こっている。絶妙なデザインのソフトウェアであっても、状況次第では予想外の使い方をされる場合がある。

5. | 医療機器のインターフェイスでは、できる限り実際に近い状況で、実際に使う人間にテストしてもらうことが必須だ。

6. | お金をかけて問題を解決するか、それとも対症療法で済ませるかのジレンマを解決するには、最初の疑問を深く掘り下げなくてはならない。ただ「やるべきか」とか「やる価値があるか」と自問するのではなく「もっといい解決策はないか」を考えるようにしよう。ひとつのアイデアで問題が解決することなどめったにない。

7. | モードをユーザー・インターフェイスに採用するのは危険だ。かわりにクオシモードを使い、ユーザーがある物理的な操作をし続けないと、現状を維持できないようにしよう。そうすれば、今そのモードが選択されていることを忘れようにも忘れられない。クオシモードが向いていない場合は、色や光、音、触感といった形で、できる限り多くのフィードバックを返すようにしよう。

これから紹介するのは、Healthagen 社のエクスペリエンス・ストラテジー & デザインディレクターで、IDEO の元デザイナーのアーロン・スクラーへのインタビューだ。

1. ひどいデザインは医療にどんな影響を与えていると思いますか？

医療の世界は、医師や患者といった使用者のことをまるで考えずに導入されたプロダクトやサービスであふれている。健康に驚くべき作用をもたらす革新的な医療技術はたくさんあるのに、ユーザー体験についてじっくり考える人はほとんどいない。医師の仕事は、使いにくいデジタルツールとの格闘の連続だ。そうした機器は便利な機能を提供する一方、ある意味で医師の仕事を難しく満たされないものにしている。同じように「患者のことを考えて作られた」という謳い文句のツールのほとんどが、適切なケアを受け、理解される機会を患者から奪ってばかりいる。

2. そうした状況を改善するために、どんなことに取り組んでいますか？

私はこれまでに何度も自分のデザインチームを通じて医療ツールの開発に関わってきたが、刺激的な存在として歓迎されることがほとんどだった。私が Prescribe Design[†17]というサイトを立ち上げたのは、医療の世界に変化を起こそうとしているデザイナーたちを称え、医療におけるユーザー体験について活発な議論を行うためだ。

3. なぜ医療におけるデザインの道に進んだのですか？

私はキャリアの大半を医療デザインに費やしてきた。医療の世界には、デザインで大きな違いを生み出せる分野がたくさんあって、それが自分にはとても魅力的に映っている。

4. デザインをどのように活用すれば、医療を変えられると思いますか？

　デザイナーの最大の武器は、共感とプロトタイプ作りだ。その土台は学習意欲。ユーザーのニーズを学び、実験から学び、試行錯誤を重ね、反復と発見を通じて解決策に至ることだ。

5. デザイナーの力とはなんだと思いますか？

　Prescribe Design では、医療デザインの12の中核課題を取り上げている[†18]。そして課題ごとに、デザイナーが果たす役割の実例を紹介している。

　たとえば、課題1は「理解され、気にかけられていると患者に感じてもらうこと」。課題5は「世話をする家族を、医療チームの確かなメンバーだと認めること」。課題7は「医師に必要なサポートを提供し、仕事にやりがいを感じてもらうこと」。

6. デザインが誰かを傷つける事態を防ぐにはどうすればいいでしょうか？

　患者の生活にどれだけ介入するかを決めるには、試験運用とプロトタイプ制作が欠かせない。もちろん、人の健康を実験台にするのはいけない。まずはシミュレーションと小型版のプロトタイプを作ること。そうすれば、意図せぬ事態を予測、特定できる。

7. 具体的にはどういったものでしょう？　実際の患者に使ってもらう前に、ユーザーの行動をシミュレートするにはどうすればいいのでしょうか？

　これという正解はないが、ひとつ考えられるのが、少ない人数から始めるというやり方だ。介入の度合いにもよるが、たとえば小さな医院の患者さんで、あるいはリスクの少ない患者さんで試したらどうなるかを想像してみる方法が考えられる。

8. あなたにとって、テクノロジーの目的はなんですか？

　優れたテクノロジーは目立たない。背景に隠れ、ヒーローにはならない。仕事を高速化、簡略化し、もっと人間らしい触れ合いを生み出せるようにする。

9. 医療プロダクトのデザインで一番難しいのはなんですか？

　医療用品のデザインには、制度上の課題がある。会社の会計や政治のシステムが原因で、医療サービスやツールの提供が難しくなることがあるんだ。誰でもできる簡単な改善に思えるものが、舞台裏のシステムが複雑なせいで、実行しづらいことはよくある。

10. 世界を今よりもいい場所にするために、デザインが果たす役割はなんでしょうか？

　あるサービスや製品がその形になったのは、"誰かが"その形を選んだからだ。人々にそのことを理解し、デザイナーには世界の仕組みを変える力があるとわかってほしい。デザイナーはそもそも楽天的な生きものだ。

11. プロダクトが人を傷つけるのを防ぐために、デザイナーがデザインのプロセスに加えられる作業はなんでしょうか？

　すべてのステークホルダーを代表し、彼らの意見を吸い上げたチームを作ることだ。デザイン主導の解決策は、医療の現実を踏まえていない恐れがある。医師主導の解決策は、実行のコストを踏まえていない恐れがある。患者主導の解決策は、システムの複雑さを踏まえていない恐れがある。そうしたステークホルダー間の橋渡しをすることで、うまく機能する解決策を作り出せる。

12. あるステークホルダーのニーズと別のステークホルダーのニーズが衝突する場合、どのようにバランスを取ればいいのでしょうか？

関係者の利害が衝突した場合は、デザイナーが司会者や進行役を務めるミーティングを開催するといい。共感やプロトタイプをツールに使えば、連携や合意を得られるはずだ。

第3章

デザインは怒りをあおる

　デザイナーが人を傷つける形はいくつもあるが、その中でも一番多いのが気持ちを傷つけるパターンだ。しかし、私たちデザイナーはそのことになかなか気づかない。このタイプの痛みは目に見えず、受け止め方も人によって大きく異なる。「インターフェイスの変更が原因で、34人のユーザーが怒りを訴えた」と書かれた論文を目にすることはまずない。かわりに（よく）耳にするのは、携帯電話が爆発して買った人が怪我をしたといった話だ[19]。デザインは、さまざまな形で痛みを与える。影響は多岐にわたり、単に不快感を与えるだけのときもあれば、深い悲しみや心痛、惨めさ、さらにはうつ状態をもたらすこともある。プロダクトやデザインが与えるネガティブな感情の中でも、一番問題になることが多いのがフラストレーションだ。ユーザーの不満は、顧客を失い、苦情が出て、収益が下がることを意味する。だから企業は必死になって不満を持ったユーザーを満足したユーザーに変えようとする。しかし、そうした二項対立的な考え方は誠実さを欠くし、状況を単純化しすぎている。デザイナーは不満を持つお客を修理の必要な「欠陥商品」だと考え、彼らが何を感じているのかをいつまでたっても真剣に考えようとしない。

　この章では、デザインがどのようにしてユーザーの怒りをあおるかを詳しく見ていこう。もちろん、怒りを感じる理由がほかにもたくさんあるのはわかっているが、ここでは2つの犯人に絞って話を進めようと思う。それは「失礼なテクノロジー」と「ダークパターン（dark pattern）」だ。

ユーザーの気持ちを考えなくてはならない理由

　まず、いろいろな感情に気を遣わなくてはならない理由を考えてみよう。人間は、楽しかった経験よりもイヤな経験のほうに大きな影響を受けるという[*1]。だからお客に満足し、お金を払ってもらうには、イヤな体験を減らし、修正することに労力を注がなくてはならない。心の傷はユーザーに大きな影響を与え、そしてそれは、謝罪のメールや電話、ブランドの公式 Twitter からのリプライをすぐ送るだけでは癒されない。企業の口コミレビューサイト Yelp を見てみると、多くのユーザーが、レストランのレビューで「料理や雰囲気は最高だったけどウェイターの態度が悪かった」という理由で星ひとつを付けている。心の傷は、決して軽視してはいけない要素なのだ。

　数ある感情の中でも、見た目に表れやすく、特に気づきやすいのが"怒り"だろう。大切なのは、ユーザーがフラストレーションをためている理由を理解することだ。怒りは痛みや傷に対する自然な反応で、人間の本能のひとつと言える。傷つけられる危険があると判断したとき、(その判断が正しいかは別として)人は怒りを糧に戦うことで自分を守ろうとする。デザイナーが生み出す体験の過程で、怒りを防ぐ方法はいくつもあるが、一番簡単なのが礼儀正しいデザインを採用することだ。

　怒りを防ぐ解決策に、礼儀を持ち出すなんて間が抜けていると思う人もいるかもしれない。しかし礼儀正しさは、前向きな人間関係を築き、それぞれのバックグラウンドのギャップを埋める助けになる。そして礼儀は、人間と機械の関係を深めるのにも役に立つ。ブライアン・ウィットワースとアドナン・アーマドは著書『The Social Design of Technical Systems: Building Technologies for Communities(仮題：技術システムの社会的デザイン　コミュニティのためのテクノロジー)』(The Interaction Design Foundation) の中でこんなことを言っている。

＊1　Baumeister, Roy F., Ellen Bratslavsky, Catrin Finkenauer, and Kathleen D. Vohs. "Bad Is Stronger than Good." *Review of General Psychology* 5:4 (2001): 323–370.

選択の能力を持つソフトウェアは、ヒューマン・コンピュータ・インタラクション (HCI) という言葉が示すとおり、自力では動作できない機械と、社会の参加者としての人間との境界をなくしてきた。今日のコンピュータは、もはや指示に反応する受動ツールではなく、それ自体がオンラインの参加者である社会的代理人と言える。金槌で誤って指を打てば、たいていの人はミスをした自分を呪う。しかし機械絡みでミスが起こると、今度は人間にするのと同じように、機械のプログラムにも悪態をつく。

失礼なテクノロジーの特徴

ここからは、失礼なテクノロジーの特徴と、機械に礼儀を備えるのに必要なデザイン上の解決策を見ていこう。

失礼なテクノロジーは自分勝手である

失礼なテクノロジーは、ことあるごとに前へしゃしゃり出てくる。おそらくこれは、失礼なテクノロジーの最も典型的な特徴だろう。人同士の交流では普通、まずは相手に話してもらい、自分の話はあと回しにするのが礼儀だとされているが、これはソフトウェアにも当てはまる。ツールは常に、自分のニーズよりもユーザーのニーズを優先しなくてはならない。ユーザーの事情を考えないソフトウェアは、間違いなく失礼とみなされる。

Xbox の無神経なアップデート

Xbox のユーザーは、本体のスイッチを入れるたび、定期的にソフトウェアのアップデート待ちを強いられる。更新は「必須」で、終わらなければホーム画面すら表示されない。ときにはアップデート内容が膨大で、ダウンロードとインストールに膨大な時間がかかることもある。システムによる更新の確認が終わらなければユーザーは遊ぶこともできないし、急いでいたり、忙しかったりしてすぐにインストールしたくないときに「スヌーズ」する、つまり更新をあと回しにするという選択肢も用意されていない。ユーザーにで

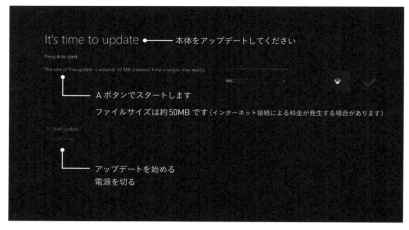

図3-1
Xbox のアップデート画面。ユーザーは、やりたいことを実行するにはまずアップデートを終わらせなくては
ならず、インストールを「スヌーズする」選択肢は与えられない。

きるのは、更新するかスイッチを切るかのどちらかだけ(図3-1参照)。機械の
側は、アップデートは最終的にユーザーのためになる大切な作業だと主張す
るが、その実、アップデートがすぐに必要な場面はそう多くない。

Google カレンダーのイベントリマインダー

　Google カレンダーでは、ブラウザ上でカレンダータブを開いていて、ユー
ザーが忘れてはいけない予定のリマインダーを設定していた場合、今行っ
ている作業を邪魔するかのようにポップアップが表示される。ポップアップ
は OK を押さなければ消えず(図3-2参照)、非常にフラストレーションがたま
る。職場であれば、ユーザーは1日にいくつもミーティングの予定が入って
いるのが普通だから、ミーティングが近づくたび、カレンダーに作業を邪魔
されて集中力を削がれることになる。ある研究によれば、人はいったん集中
力が途切れると、仕事のスムーズな流れを取り戻すのに最大で23分を要す

＊2　Gregusson, Halvor. "The Science Behind Task Interruption and Time Management." Yast blog, May 23,
　　2013. †††10

図3-2　Google カレンダーのリマインダー。作業の邪魔で、消すには操作が必要になる。

るという[*2]。Google カレンダーがユーザーのためを思ってポップアップを出しているのはわかるが、ユーザーが何かしなくても消え、作業の邪魔になりにくい通知のほうがはるかに礼儀正しい。

| 失礼なテクノロジーはぐうたらである

　失礼なテクノロジーは、ユーザーに必要以上の労力を強い、それでいて見返りは少ない。人間の脳と違って、ソフトウェアは場所や設定、好みなどを記憶しておくのを非常に得意としている。そうした強みは、ユーザーを助け、余計な負担を減らすために使わなくてはならない。

　たとえば、携帯電話のアプリケーションでは多くの場合、承認が求められる（マイクやカメラへのアクセス許可など）。そんなとき私たちが目にするのが、「設定を変更して許可してください」という素っ気ない文言だ。なぜユーザーの側が、自分で設定ページを探して変更しなくてはならないのか。なぜ自分ですべてやらなくてはならないのか。こうした作業はユーザーではなくソフトウェアの側で行うべきだ。そうでないと、頭を使う作業が無駄に増えるだけ

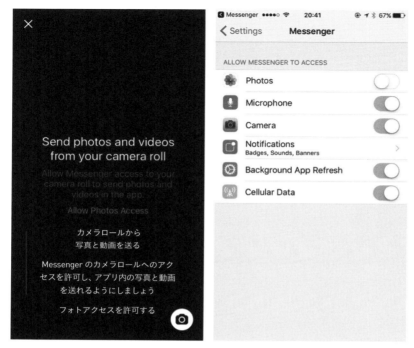

図3-3
Facebook のアプリ Messenger の承認画面。iPhone のカメラロールへのアクセス許可を求め、アプリは電話内の適切なロケーションと直接リンクし、ユーザーの手間を省く。

でなく、ユーザーは時間を取られる。こうしたアプリは、設定の正しい格納場所と常にリンクしていなければならない。Facebook のアプリ Messenger for iPhone はそのとてもいいお手本だ(図3-3参照)。

　ぐうたらなテクノロジーの例をもうひとつ紹介しよう。

セルフレジ

　90年代に開発されて以来、セルフ清算用の機械はどんどん浸透している[20]。考え方はシンプルだ。お客がレジの仕事、つまりバーコードを読み取って代金を払う作業を自分でやってくれれば、お店はレジ係の給料を節約できる。セルフレジ方式には問題点もあるが、お店とメーカーは難点を軽視しがちだ。

彼らは、機械のほうが作業が早く終わるし、お客とも積極的に触れ合っていると主張する。しかしテレビ局CBCの記者が行った実験で判明したのは、お客が自分で清算を済ませたほうが時間がかかるだけでなく、ミスも増えるという事実だった。

> レジ係がいたほうが支払いは早く済み、問題も少ない。印字がずれたバーコードをセルフレジの機械がうまく読み取れなかったせいで、お客が10ドルの芽キャベツに70ドルを請求されたこともあった[*3]。

　時間がかかるだけでなく、失礼な指示を繰り返す点でも、この機械は極めつけの怠け者だ。人間のレジ係が「台の上に商品以外のものを載せないでください！」とか「カードをどけてください！」とか叫ぼうものなら、お客から苦情が出るのは必至だろう。人にやられてイヤな行動を、機械にやられて受け入れられるはずがない。
　そして最後に、失礼なサービスに共通の特徴として、このテクノロジーは結局のところ導入する企業のためにもならない。セルフレジ機はあまりに横暴で、導入したスーパーの売上が落ちることもあるのだ。イギリスのレスター大学の犯罪学者2人が行った実験によれば、アメリカやヨーロッパの各地にあるセルフレジ機能による経済的損失は、約4%に達するという[*4]。平均的なスーパーの利益率が3%前後なのを考えれば、これは壊滅的な数字だ。最大の要因は、機械にフラストレーションをためた人が商品を万引きするケースが増えたことだった。

> 5人に1人が商品をくすねたことを認めたが、調査の結果わかったのは、常習化するのは持ち去っても大丈夫だと気づいたあとで、そして多くの人が、最初は機械がうまく動かないから盗んだと話していた。[*5]

＊3　Griffith-Greene, Megan. "Self-Checkouts: Who Really Benefits from the Technology?" CBC News, January 28, 2016. †††11

＊4　Beck, Adrian, and Matt Hopkins. "Developments in Retail Mobile Scanning Technologies: Understanding the Potential Impact on Shrinkage & Loss Prevention." University of Leicester, 2015. †††12

この結果を補強する別の調査も行われている。それによると、調査した人の20%が、セルフレジのお店で万引きをしたことを認め、そしてそのうち60%が、理由としてバーコードが読み取れなかったことを挙げた[*6]。

｜失礼なテクノロジーは食い意地が張っている

　失礼なテクノロジーは、まるでディナーパーティーであとの人のことも考えずに皿のチーズを食べ尽くすお客のように、デバイスの限られたリソースを好き勝手に無駄遣いする。

　そうした「どか食い」は裏で続けられ、(データや回線容量、RAM、デバイスのスペースといった)リソースを奪っていく。ユーザーが操作したわけでもないのに、音楽を流したり、広告を表示したりすることもあれば、大容量のダウンロードやアップデートを実行して、裏で何が起こっているかわからないユーザーのことなどお構いなしに、インターネットやコンピュータの動作を遅くする。

iTunes のこっそりダウンロード

　Apple のメディア・ライブラリである iTunes は、ユーザーが別の Apple デバイスで何かを買うと、その商品をすぐにダウンロードする。たとえば、Apple TV で高解像度の大容量の映画を買うと、iTunes が MacBook にダウンロードしようとする。そのこと自体はありがたいが、やるならアクティブになっているソフトウェアの動作を妨げてはならない。この仕様はどう考えても無効にする選択肢が必要だと思うのだが、それにはユーザーの側でいくつか作業をこなさなくてはならない。まず、インターネットが重くなっている理由が iTunes にあることを突き止め、次に設定画面を探して設定を変更しなくてはならない。

　こうした更新や同期、ダウンロードはどれも、ユーザーが意識的に無効にしない限り、アイドルタイムに勝手に実行される。

＊5　Carter, Claire. "Shoppers Steal Billions Through Self Service Tills." *The Telegraph*, January 29, 2014. †††13

＊6　Ryan, Tom. "Self-Checkout Theft Is Habit Forming." RetailWire, May 19, 2014. †††14

失礼なテクノロジーはユーザーにかまってほしがる

　失礼なテクノロジーは、まるで3歳の子どものように、いつでもユーザーの邪魔をし、お知らせをし、何かを要求する。最近では、ほとんどありとあらゆるウェブサイトが、訪れるたびに「登録してニュースレターを受け取りましょう！」と叫びかけてくる。コンテンツを読み、登録してみようかという気が起こりもしないうちからだ。作業の途中に「投票したいですか？」と訊いてくるアプリ。ネットショップサイトで商品を比べているときに「アンケート対象に選ばれました」と邪魔をしてくるダイアログボックス。こうした例は枚挙にいとまがない。子どもがやったらお仕置き間違いなしの振る舞いを、私たちは機械だからという理由で黙ってがまんする。

ケーススタディ：　Microsoft Office のアシスタント機能

　失礼なソフトウェアの例として悪名高いのが、Microsoft Office のアシスタント機能、通称クリッピーだ。Windows 97 に実装されたクリッピーは、クリップの形をしたインテリジェントなユーザー・インターフェイスで、ユーザーがさまざまなタスクを完了するのを助けるという触れ込みだった。たとえば、ユーザーが「Dear（親愛なる）」とタイプすると、クリッピーが表示されて、正しい手紙の書き方を知りたくないですかと訊いてくる (図3-4参照)。クリッピーは、コンピュータ技術への人間の反応に関する確かな研究に基づき、優秀なチームが数多くのユーザーテストを実施した上で作られたものだったが、発売されてみると大失敗に終わった[21]。その不評ぶりは、Microsoftのホームページで、クリッピーを廃止したことが Office XP のセールスポイントとして挙げられたほどだった (図3-5参照)。

　クリッピーがみんなに嫌われたのにはいくつも理由があったが、突き詰めれば失礼だったからだ。まず、ユーザーの作業が終わったかどうかなどお構いなしにしゃしゃり出てくる。何かをするたびに注意を引こうとする。文章を書いているユーザーは、助けるはずのソフトウェアに邪魔され、思考の流れが途切れてしまう。次に、ユーザーの好みに対する配慮がない。何回隠

It looks like you're
writing a letter.

Would you like help?

● Get help with
writing the letter

● Just type the
letter without
help

☐ Don't show me
this tip again

手紙を書いていらっしゃ
いますか？

助けが必要ですか？

○ 手紙の書き方に関する
情報が必要

○ 助けは必要ないので
タイプを続ける

□ 今後このヒントを
表示しない

図3-4
Microsoft Word のアシスタント機能
として採用されていたクリッピー[††7]。

クリッピーは廃止になりました！

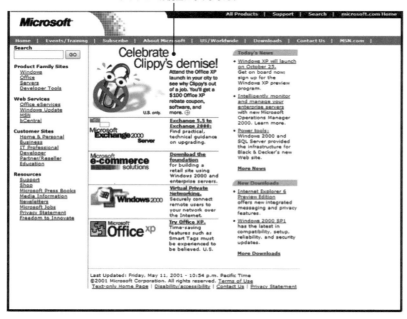

図3-5　2001年頃のMicrosoftのホームページ。クリッピー廃止が XP の売り込み文句になっている[††8]。

しても無効にできず、Word で永久に表示しない設定にしても、別の Office ソフトを開けばまた現れる。そして最後に、この機能は最初に使ったときのことしか考えられていない。確かに、最初に現れたときはおもしろいと感じた人が多かったのだが、何回も出てくるとフラストレーションの元になった。はじめて使うわけではないのに、ユーザーがそのことに気づいていないとでも言いたげに、いつまでも登場した。

こうした問題を考えるうえで、共通するポイントがある。それは、ユーザーがインターフェイスではなく、人間に同じことをされたらどう感じるかという視点だ。文言は適切か。同じことを何回も訊くのは失礼ではないか。実は Google は「実生活の Google Analytics」というとても愉快な CM を作ったことがある。ネットショップでの支払い体験を現実世界に置き換えるとどんな感じになるかを茶化した CM だ[22]。オンラインのインターフェイスではたいてい、すべてのインタラクションが逐一ステップ化されている。ユーザー名を覚えているかとか、キャプチャ (CAPTCHA) を読めるかとか、よくわからないアドオンをどうするかとかをいちいち訊いてくる。ところが CM を観るとわかるように、そうした体験を実世界に当てはめると、スーパーでパンを買うといったシンプルな体験が、デジタル世界では不条理で失礼なものだとよくわかる。みなさんも次にこうしたインターフェイスをデザインするときは、自分の胸にこう尋ねてほしい。「ユーザーがやりとりしているのが実際の人間だったらどう見えるか」と。

礼儀正しいテクノロジー

これとは反対に、礼儀正しいソフトウェアとはどういうものかを見ていこう。

1. 何かを実行していいか、ユーザーに許可を求める

ごく当たり前に思えるかもしれないが、実はこうした機能が実装されていないことへの苦情は非常に多い。アプリやソフトウェアは、アップデートを実行し、リソースの使用率を追跡し、ユーザーの情報を共有し、初期

値として設定にする前に、簡潔で明快な言葉でユーザーに許可を求めなくてはならない。二重否定を使った表現（「〜を望まない場合は、チェックボックスにチェックを入れないほうを選び……」）はユーザーを混乱させる。そして、たとえユーザーのためを思った仕様だったとしても、ユーザーの同意を得ないアクションは失礼で、ダークパターン（これについてはあとで解説する）に危険なほど近い。ユーザーの利益を考えた仕様であっても、必ず許可を求めるソフトウェアの好例が Chrome だろう。インストールを終えると、Chrome は、クラッシュの報告と使用率の統計を Google に送ってもいいか、承認を求めてくる（図3-6参照）。

2. 別の選択肢を提示する

　ツールが「これからなんらかのアクションを起こします」とユーザーに知らせること自体はいい。しかしただ伝えるだけでは十分ではなく、ユーザーがアクションを実行するかの選択肢も示さなくてはならない。一方的な宣言の一番悪い例が、アプリケーションのアップデートだろう。必須のアップデートであれば、スヌーズの選択肢を常に示す必要はない。し

☑ Chrome をさらに改善するため、使用率統計とクラッシュ報告を Google へ送信する

図3-6
Chrome のクラッシュ報告の承認画面。インストール直後に、クラッシュの報告と使用率の統計を Google に送ってもいいか訊いてくる。

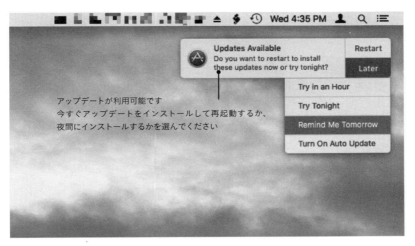

図3-7　App Store の更新のリマインダー。このおかげで、ユーザーは好きなときに更新できる。

かしアップデートがセキュリティやパフォーマンス絡みのものであれば、たとえば夜中のうちに済ませるなど、あとで実行する選択肢を示さなくてはならない（図3-7参照）。

3. すべての選択肢と設定について説明する

選択肢と設定は、すべてはっきり表示するだけでなく、すべてのユーザーが正しい判断を下せるよう、十分な情報を添えなければならない（図3-8参照）。

4. できる限りユーザーのニーズを先取りする

レストランでは、グラスが空けばウェイターが水を注ぐのが良識だと考えられているが、同じことはデザインにも言える。たとえば、別の国からアクセスしてきたユーザーがいた場合、ウェブサイトの側から別の言語や通貨のオプションを提示すれば、ユーザーはおそらく感謝するだろう。Google 検索の「次の検索結果を表示しています」機能もいいお手本だ。Google 検索では、仮にミスタイプがあっても、検索エンジンの側が正しい表記を予測して検索結果を表示する（図3-9参照）。

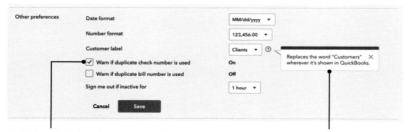

☑重複する小切手番号が使用された場合に警告する　　QuickBooks内の「お客さま」をすべて
　　　　　　　　　　　　　　　　　　　　　　　　　　こちらの言葉に置き換える

図3-8
経理ソフトQuickBooksのオンライン設定ページ。いくつかのフィールドには、ユーザーが正しい判断を下せ
るよう、追加の情報が示されている。

図3-9
Google検索の「次の検索結果を表示しています」機能。よくある検索語の表記を間違って入力してしまっても、
エンジンのほうで修正して検索してくれる。

5. ユーザーの決断を尊重する（そして記憶する）

　ユーザーのニーズを予測するのと、決断を強制するのとはまったく違う。
たとえば、カナダに住む人がアメリカのECサイトを訪れた場合、カナダ
ドルを使えることや、サイトのカナダ版があることを知らせるのはユーザ
ーのためになる。しかし、ユーザーが必要ないという選択をしたなら、次
のページ、あるいは次回の訪問で同じことを訊いてはいけない。同じよう
に、テクノロジーは、ユーザーがその選択をあえてしたという事実を尊重
しなくてはならない。その操作が取り返しのつかない事態を招くのでな
い限り、機械はユーザーがわかってやっているということを信用しなくて
はならない。Amazon.comは、そのあたりを実に賢くこなしている。カ
ナダの人がAmazon.com、つまりアメリカ版のサイトを訪れた場合、

カナダからのお買い物ですか？

Amazon.caなら税金がかからず、配送も無料で、サイト内の商品を早くお届けできます。

このポップアップはあと1回表示されます
□今後このポップアップを表示しない

Amazon.com で買い物を続ける　　　Amazon.ca へ移動する

図3-10
Amazon の「カナダからのお買い物ですか？」のポップアップ。あと何回表示されるかの情報と、表示しないという選択肢が示されている。

Amazon は Amazon.ca バージョンがあることを知らせ、同時にその知らせがあと何回表示されるかも知らせてくる（図3-10参照）。

6. 言葉づかいに気をつける

　「本当にあなたは、保存しないで終えてもあなたは大丈夫ですか？」というダイアログが表示されたら「なんだその訊き方は？」と感じずにいるのは難しい（「本当に」保存しないで終えても大丈夫？）。ユーザーのためを思った指示と、お節介な指示とのあいだのバランスを取るのは難しいが、大人が子どもに言い聞かせているように見えたら、言葉づかいを考え直したほうがいい。お節介に見えるのを避けるには、まず二人称を減らすことだ。ユーザーに直接話しかけているトーンを出すのはいいことだが、「あなた」が同じ文に2回も出てくるのはやりすぎだ。世界の言語の中には、フォーマルな場で単音節の二人称を使うのは絶対に NG というものもあるから、

そうした言語ではその点は特に大切になる[†23]。自分の側にどんな動機が
あろうと、助言を与えたり手を貸したりするときは、まず助けが必要かを
尋ねよう。不要な救いの手はお節介で恩着せがましいと思われかねない。
尋ねずにいきなり助けるときは、差し迫った理由があることをあらかじめ
伝えよう（図3-11参照）。ユーザーのためになる助け方をするのも大切だ。
ユーザーが「こうしてほしい」と思っている助け方と、自分がやってほしい
助け方が同じとは限らない。

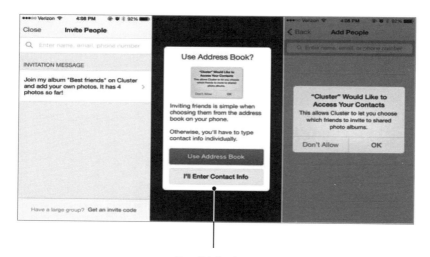

アドレス帳を使いますか？

アドレス帳から選ぶだけで、
簡単にお友だちを招待できます

使わない場合は、相手の情報を
直接入力してください

アドレス帳を使う

直接入力する

図3-11
ソーシャルアプリ Cluster の設定画面。許可を求める前に、アクセスが必要な理由をユーザーに伝えている。

7. おまけ：　必要な場合は礼儀正しいふりもする

　礼儀正しいふりをするやり方も、場合によっては有効だ。言葉当てゲームのアプリについて調査したあるチームは、ユーザーが答えを間違ったときにただ「不正解」と表示するより「すみません、ヒントの出し方が下手だったようです」と表示したほうが、ユーザーの満足度が高くなることを発見した[7]。ミスが起こったときに、ユーザーではなく状況のせいにするのはいい方法だ。同じように、ユーザーがニュースレターの登録を解除したなら「お会いできなくなるのが残念です」という言い方が効く。とはいえユーザーに罪悪感を抱かせてはいけないから、こうした言葉を表示するのは（登録解除などの）操作の前よりもあとにするのが礼儀だ。人ではなく状況を責めるインターフェイスのいい例としては、メール配信ツール MailChimp のログイン画面が挙げられる（図3-12参照）。

申し訳ありません、パスワードが正しくないようです。パスワードがわからない場合はこちらをご覧ください

図3-12
MailChimp のパスワード入力のエラーメッセージ。メッセージでは、パスワードが間違っていて「申し訳ない」と書かれていて、一般的な「パスワードが間違っています。入力をやり直してください」よりも礼儀正しい。

＊7　Whitworth, Brian, and Tong Liu. "Politeness as a Social Computing Requirement." In *Handbook of Conversation Design for Instructional Applications*, edited by R. Luppicini. Hershey, PA: Information Science Reference, 2008. †††⑤

ダークパターン

　デザインがユーザーをいら立たせることは多い。何かのサービスを解約しようとして、広告メールの配信を停止しようとして、あるいは必要な情報にたどり着けなくて、ユーザーはデザインへのフラストレーションをためる。政府のサービスにログインしようとして、あるいは保険会社のオンライン登録を終わらせようとしてうまくいかず、叫び出したくなったり、電話をソファに（あるいは床に）投げつけたくなったりした人もいるのではないだろうか。こうした小さな出来事は、ひとつひとつは無害かもしれないが、積み重なることで（ユーザーがテクノロジーと触れ合う機会がどれくらいあるか、考えてほしい！）ユーザーの気を滅入らせる。そうしたフラストレーションの多くは、優れたデザインのルールを守らないことで引き起こされるが、実は世の中には、意図的に複雑にデザインされたプロダクトというものがある。そうした人の気持ちをこの上なく逆撫でするデザインを、UX界隈では「ダークパターン（dark patterns）」と呼んでいる。この言葉の生みの親であるハリー・ブリグナルは、その意味をこう説明している。

　　ダークパターンとは、ユーザー・インターフェイスを使って普段ならやらないことをユーザーがやってしまうよう誘導することを言う。たとえば、定額サービスの支払いや署名と抱き合わせで保険を買わせるといった行為がそうだ。「ひどいデザイン」の作り手と言われて普通思い浮かべるのは、いい加減でだらしないが、悪意はない人物だろう。一方でダークパターンはミスではない。作り手は人間の心理をしっかり理解した上で巧妙なデザインを行う。ユーザーのことなど彼らの頭にはない[8]。

　ダークパターンは、ユーザーのニーズを犠牲にしてでもビジネスニーズを優先させようとする企業が作り出す。そうした「グロースハック（growth

---

＊8　Brignull, Harry. "Dark Patterns: Inside the Interfaces Designed to Trick You." *The Verge*, August 29, 2013. †††16 hacking）」〔訳註：企業を急成長させる仕掛け〕のふりをした悪質な手法は至るところにあって、世界有数の企業さえもが使っている。デザイナーとしてそうしたデザインを依頼されたことはなくとも、ユーザーとして出くわしたことは必ずあるはずだ。ダークパターンには数多くの種類があるが、この本では特に一般的なカテゴリーを取り上げることにする。詳しく知りたい方は、DarkPatterns.org[24]を参照してほしい。

| 1. 撒き餌と切り替え

　撒き餌と切り替え型のダークパターンは、何かが起こることをユーザーに認めさせ、実際には（ユーザーが望まない）別のことを起こすものだ。呼び名は、小売業者が使う詐欺の手口から来ている。ある商品の安売り広告を見て買いに行くと、実際にはその商品は手に入らないか、もっと質の悪いものを買わされる。基本的には違法なやり方だ。

　こうした手口の実例は山ほどある。とりわけ一般的なのが、iTunes で高評価のレビューを付けるようユーザーに求めてくる iPhone アプリだろう。こうしたアプリは「アプリのレビューをお願いできますか？」と訊くのではなく、「カップケーキは好きですか？」といった質問で偽装してレビューを付けさせる。「はい」をクリックすると、自動的に iTunes へ評価が送信される仕組みだ。広告メールを勝手に受け取らせようとするウェブサイトもそう。こうしたサイトは「ディスカウント・コードを受け取りませんか？」と訊いてきて、こちらがメールアドレスを提供すると、クーポンではなくニュースレターの受け取りを許可したことになる。撒き餌に釣られて個人情報を提供してしまうわけだ。

　Windows も最近、無料アップグレードのポップアップのデザインを変更してニュースになった。以前のバージョンでは、閉じるボタン（右上の×印）を押せば予想通りポップアップが消える仕組みだったが、新しいバージョンでは×ボタンを押すと拒否ではなくアップグレードに"同意"したことになる（図3-13参照）。このパターンを紹介した BBC の記事には「これが混乱を呼んでいる。×ボタンをクリックすれば普通はポップアップ表示が消えるはずだか

Windows 10はこの PC で推奨される更新プログラムです

Windows Update の設定に基づき、この PC は次の予定でアップグレードされます

5月16日 月曜日 11:00

ここをクリックすると、アップグレードの予定を変更、またはアップグレードの予定をキャンセルできます

図3-13
Microsoft Windows 10のアップグレードのポップアップ。右上の×を押すとポップアップが消えるのではなく、アップグレードの予定が決まってしまう。

らだ」と書かれていた[*9]。まったく、たまったものではない。こんな当たり前のことを記事にして書かなくてはならないなんて！

　こうした小細工を自分の会社が使っているかことがわかったときは、クリエイティブかつ効果的に、誠実で説得力のあるやり方に切り替えられる。まず、敏腕コピーライターになりきるというやり方。クリエイティブな思考を働かせ、ユーザーに求めるステップをすべて明示しよう。刺激的な言葉でユーザーに行動を促すのはいいが、ユーザーが次のステップをしっかり理解できるようにしなくてはならない。たとえばホームデコレーションアプリにおいて、「Get Inspired!」という言葉をクリックすると、既存のユーザーから集

＊9　Kleinman, Zoe. "Microsoft Accused of Windows 10 Upgrade 'Nasty Trick.'" BBC News, May 24, 2016. †††17

まったデコレーションイメージギャラリーに飛ぶ仕組みは構わないが、「Get Inspired!」をクリックするとアプリが自動的にダウンロードされる仕組みはよくない。

| 2. 偽装コンテンツ

これはマーケティングの世界では昔から使われてきたお馴染みの手法で、最近では「ネイティブ広告 (native advertising)」などと呼ばれたりもする。はっきりそれとわかる表示をせずに、コンテンツの形でページに広告を紛れこませる手法だ。今ではこうしたウェブサイトが増えるあまり、ユーザーは広告に飛ばされるのがイヤで、広告の山に埋もれた正しい情報を見落としてしまう。

広告であることを隠した偽のボタンを置くパターンもある。無料ソフトのウェブサイトに行くとダウンロードボタンが3つも4つもあって、どれが本物かわからないという経験がみなさんにもないだろうか。実はこれは、正しい

図3-14　Sendspace なるウェブサービスのキャプチャ画像。どれが本物のダウンロードボタンだろうか？

＊10　Kujawa, Adam. "Pick a Download, Any Download!" Malwarebytes Labs, October 19, 2012. †††18
＊11　Ballard, Lucas. "No More Deceptive Download Buttons." Google Security Blog, February 3, 2016. †††19

この先は詐欺サイトです

×××上の攻撃者が、あなたをだましてソフトウェアのインストール、
個人情報（パスワード、電話番号、クレジットカード情報など）の開示といった危険なことを
行わせようとする恐れがあります

図3-15
Chrome で表示される警告。詐欺サイトに進もうとしていることを知らせている。

ダウンロードボタンの見分け方を解説したブログが書かれるほどの大問題
になっている（たとえば図3-14の元になったアダム・クジャワのブログがそうだ[10]）。あり
がたいことに、Google はこうした手口（図3-15参照）を「詐欺」と呼び、使って
いるサイトのブロックを始めている[11]。

3. 継続の強制

強制的な継続は、ユーザーが支払い情報を入力しないと無料お試し期間
に入れないようなサービスで発生する。こうしたサイトでは、試用期間が終
わると適切な警告もなしにサービスを継続利用することが決まり、定期的な
請求が自動的に発生する。
　デザイナーは、こうした小細工ではなくて「ドアにかけた足（foot-in-the-door、

FITD)」式の提案を行うべきだ[*12]。FITD とは、小さなメリットを示して相手を説得しながら、段階的に大きなものを受け入れてもらうテクニックを言う。真っ当な(加えて合法的な)セールスの手法だ。たとえば、まずはニュースレターを受け取ることを認めてもらい、次に無料トライアルを提供し、続けて月額料金に申し込んでもらい、さらにもっと大きなプランへのアップグレードを提案するといったやり方。こうした提案を行う際は、必ず料金とサービスのメリットを誠実に伝えなくてはならない。ギブアンドテイクもテクニックとして有効だ。つまり、最初にこちらから価値のあるものを無料で提供すれば、次は買ってもらえる可能性が高まる。

| 4. フレンドスパム

　フレンドスパムとは、なんらかの方法でユーザーの交友関係に関する情報を入手し、知り合いをサービスに招待する行為を指す。ユーザーにとにかくワンクリックをさせて、アドレス帳に載っている人にメールを送る許可をアプリに与えるよう仕向ける手法だ。私たちはみな、このパターンをひどく嫌う。ダークパターンはどれもユーザーに「ばかにされた」「だまされた」という気持ちを抱かせるが、これは特にその傾向が強い。なにしろ友人からこそってばかな奴と思われてしまうのだ。

　この本の著者の1人であるジョナサンも、ビジネス向け SNS の LinkedIn で、勝手に友人にスパムメールを送ってしまう経験をした。

　LinkedIn にだまされて Gmail のアドレス帳の全員に招待メールを送ってしまったことを、僕は一生忘れないだろう。Gmail では、メールを送った相手は自動的にアドレス帳に登録される。だから招待メールは、5 年前にアカウントを作ってからメールを送ったことのある全員に送信された。最悪だった。連絡先には学生時代の恩師やカスタマーサービスのスタッフ、仕事先、遠い親戚などなど、

[*12]　Freedman, Jonathan L., and Scott C. Fraser. "Compliance Without Pressure: The Foot-in-the-Door Technique." *Journal of Personality and Social Psychology* 4:2 (1966): 195–202.

*僕の代理で送られてきたスパムメールを快く思わない人がたくさんいた。恥ず
かしかったし、裏切られたと感じた。サイトから、Google のアドレス帳の友人
を招待したいかと訊かれたときは、画面をスクロールしてチェックボックスにチェ
ックを入れ、招待したい人を選べるものだと思っていた。ところが実際はそ
うではなく、リストへのアクセスを許可したとたん、メールは全員に送られた。
6年前の話だが、今でも覚えている。LinkedIn はもう、並大抵のことでは僕の
信用を取り戻せない。*

| 5. ミスディレクション (Misdirection)

　ミスディレクションはマジシャンの最高の武器で、観客の注目をあるもの
に集め、別の場所で起こっていることから注意を逸れさせる一種のだましの
テクニックを言う。同じ手口がいくつかのインターフェイスでも使われてい
て、そこでは特定のデザインを使ってユーザーの注意が別のものに向かない
ようにしている。手品師がこのテクニックを使ってだますのは構わないが(詰
まるところ、私たちはお金を払って彼らにだまされに行っているのだから!)、サービスやウ
ェブサイト、アプリがやるのは許されない。

　ミスディレクションの例として私たちがよく取り上げるのが、トラックレ
ンタル会社の U-Haul だ。U-Haul のウェブサイトではトラックの予約がで
きる。サイトの謳い文句では、最低20ドルからレンタルできるということに
なっているが、実際に予約してみようとすると、気をつけていないと必要の
ない無数の追加サービスにも申し込んでしまう (図3-16参照)。追加商品が必
要なければそのステップは飛ばしてもいいのだが「こちらの商品を追加する
(add these supply)」ボタンの大きな黄色のデザインがあまりにも目を引くので、
右上の隅に置かれた「すべて削除(clear all)」のリンクや、右下に小さく書かれ
た「必要ない(no thanks, I do not need suplies)」の選択肢にはなかなか気づけない。
カートの合計の表示の仕方も腹が立つ。表示されている金額は総額ではなく、
「本日中の支払い (Due today)」の金額なのだ。つまりあとで別に支払いが発
生するわけだが、自分で計算機を持ち出してきて計算しなければ、総額はま
ったくわからない (図3-17参照)。

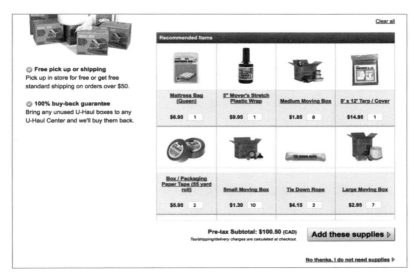

図3-16
U-Haul の予約ステップのひとつ。商品が自動的にカートに追加されている。個数の初期値がすべて1以上に設定されていることに注目。

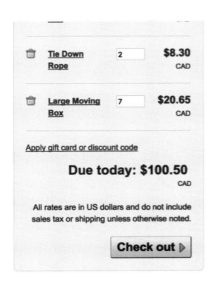

図3-17
紛らわしい U-Haul のカート合計。表示されているのが「本日中の支払い」の合計だと気づきにくく、あとでいくら払えばいいかはユーザーに知らされない。

| 6. ごきぶりホイホイ

　Comcast や AOL が使っていた[*13]悪名高いダークパターンのひとつに「ごきぶりホイホイ」型がある。これは登録するのは簡単だが、解除は難しいサービスを指す。このパターンを採用する企業は、解除のプロセスを意図的に複雑かつフラストレーションのたまるものにして、ユーザーが解除をあきらめたり、あと回しにして忘れてしまったりすることをねらう。「継続の強制」と一緒に使われることも多く、組み合わせることで与える不快感も倍増する。

　このパターンを採用している企業は、SNS で大炎上することが多い。Gimlet Media のテクノロジー系ポッドキャスト「Reply All」は最近、まるまる 1 回を費やして家庭掃除サービスの Handy.com を取り上げた。この会社は、定額サービスにはネットから申し込んでほしいとユーザーに呼びかけながら、サイトからは解約できないようにしていた。さらにひどいことに、ユーザーは電話でなければ解約できないのに、その電話番号を見つけるのはほとんど不可能だった。その放送回から、ここでは一部を引用しよう[†25]。

> そこにはこう書いてある。Handy にお問い合わせをご希望の方は、こちらをご覧くださいと。ところが「お問い合わせはこちらから」を押してヘルプページへ行くと、下のほうにまたこんな別のリンクがある。「まだ解決しない場合は、お問い合わせください」。それを押しても、飛ばされるのは同じページ。結局、いろいろとググりまくった末、ようやくこう書かれたページを見つけた。「定期クリーニングのサービスを完全に停止したい場合は、当社にお問い合わせください」。ところがそこでブチッと切れてしまった。クリックしたらまたヘルプページに飛ばされたんだ。

　同じ問題に悩まされている人を探したところ、不満を抱くお客のツイートが何百件も見つかった。会社もこんな形で知名度を上げたくはなかっただろう。彼らの名誉のために言っておくと、会社は批判に耳を傾け、ウェブサ

[*13]　たとえば右記を参照のこと。[†††20]　[†††21]

イトから簡単にサービスを解約できる方式に変えた。今はもう電話の必要はないし、解約の選択肢も簡単に見つかる。

おまけ: 質問のトリック

このパターンは私たちの一番の「お気に入り」で、なぜかというとあまりにもくだらないからだ。「説得無理なら混乱させろ」というモットーを聞いたことがないだろうか。いくつかのサービスでは、統計の数値を水増しし、ユーザーに意思に反した行動を取らせるために、この方法を使っている。具体的には、二重否定を使ったり、インターフェイスに普通とは逆の振る舞いをさせたりして、ユーザーを混乱させる。こうした質問のトリックの最高の例が、イギリスの郵便事業者 Royal Mail のニュースレター登録フォームだ (図3-18参照)。次の図をじっくり読んでみてほしい。

最初の段落では、広告を受け取りたくない場合はチェックボックスにチェックを入れるよう言われる。ところが2段落目では、受け取りたいものにチェックを入れる形式に変わる。普通、必要ないときはチェックを入れないはずなのに、それではすべての形でニュースレターを受け取ることになってしまう (普通とは逆の振る舞い)。最初の段落をよく読むと、登録しない場合はすべてのボックスにチェックを入れなくてはならない (二重否定) ことがわかるが、だからといってすべてチェックを入れると、今度は第三者からの広告を受け取るのを認めたことになる。こうやって解説してもわかりにくいのだから、パターンに気づいていない人がトリックを見破るのは不可能だろう。現実世界での専門家との会話に置き換えると、紛らわしさが際立つ。読んでみると思わず噴き出してしまうはずだ。

> 銀行職員: 本日は口座を開設していただき、ありがとうございます！
> 　　　　　保険の加入はご希望ではないですか？
> お客: えっと……ええ。
> 職員: なるほど。決めていらっしゃらないと。
> お客: あの……

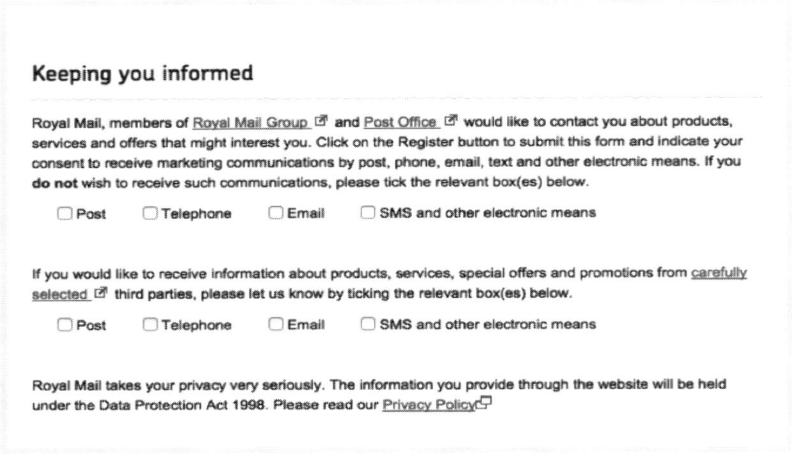

Keeping you informed

Royal Mail, members of <u>Royal Mail Group</u> ☒ and <u>Post Office</u> ☒ would like to contact you about products, services and offers that might interest you. Click on the Register button to submit this form and indicate your consent to receive marketing communications by post, phone, email, text and other electronic means. If you **do not** wish to receive such communications, please tick the relevant box(es) below.

☐ Post   ☐ Telephone   ☐ Email   ☐ SMS and other electronic means

If you would like to receive information about products, services, special offers and promotions from <u>carefully selected</u> ☒ third parties, please let us know by ticking the relevant box(es) below.

☐ Post   ☐ Telephone   ☐ Email   ☐ SMS and other electronic means

Royal Mail takes your privacy very seriously. The information you provide through the website will be held under the Data Protection Act 1998. Please read our <u>Privacy Policy</u>☒

情報を継続的に提供いたします

Royal Mail Group と Post Office の一員である Royal Mail では、お客さまにご興味を持っていただける製品とサービス、ご提案の情報をお届けしたいと考えております。登録ボタンを押してフォームを送信し、郵便、電話、メール、その他の電子手段のいずれの形式で広告を受け取りたいかを示してください。情報を受け取り・・・たくない形式があれば、下記のチェックボックスの該当するものにチェックを入れてください（複数可）。

☐郵便   ☐電話   ☐メール   ☐ SMS その他の電子手段

厳選された第三者からの製品とサービス、特別オファー、割引に関する情報を受け取り・・・たい場合は、下記のチェックボックスの該当するものにチェックを入れてください（複数可）。

☐郵便   ☐電話   ☐メール   ☐ SMS その他の電子手段

Royal Mail では、お客さまの個人情報の扱いに細心の注意を払っております。ウェブサイトを通じてご提供いただいた情報は、1998年データ保護法に基づいて保持されます。当社のプライバシーポリシーをご覧ください。

図3-18
Royal Mail.com の画面のキャプチャ画像。ユーザーは、上では必要ない場合はチェックを入れるよう求められ、下では必要な場合はチェックするよう求められる。紛らわしい！

Royal Mail は先ごろこのフォームを変更した。しかし、2番目の質問を削除したことには拍手を送りたいが、残念ながら最初の段落の紛らわしい文言はそのままだ。

| ダークパターンのデメリット

こうした笑ってしまうほどどうしようもない小手先のデザインが、至るところに見つかるのはいったいどういうわけだろう。それは、コンバージョン率の数字を上げるには効果てきめんだからだ。サイトを訪れた人に無理やりニュースレターに登録させれば、その四半期の登録者数は確かに増えるが、それは本当に企業の利益になっているのだろうか。

企業に損失をもたらす

パターンの中には法に触れるものがある。先ほど紹介したフレンドスパム戦略を展開した LinkedIn は、集団訴訟を起こされて2015年に1300万ドルの支払いを命じられた[*14]。カナダでもスパムと電子的脅威に関する法律が制定され、望まない場合はチェックボックスにチェックを入れるやり方は法律違反となり、解約の方法はシンプルな形で提示することが義務づけられた。2016年には、同意なくメールを送りつけたとして Kellogg Canada が罰金6万ドルを科された[†26]。規模は違うが、同じ理由で航空会社の Porter は15万ドルを、通信会社の Rogers Media は20万ドルの支払いを命じられた[†27]。同じ違反で訴訟を起こされる企業が今後も増えていくのは想像に難くない。

コンバージョン以外の数値に悪影響を与える

ダークパターンを持ったデザインは、ユーザーの信頼を裏切ることで短期的な利益を得る。これは長期的には誤ったビジネス戦略だ。ひとつの数値

---

*14　Roberts, Jeff John. "LinkedIn Will Pay $13M for Sending Those Awful Emails." Fortune, October 5, 2015. [†††22]

指標のことばかりを考えてデザインをすると、たいていはいい結果にならない。たとえばダークパターンを使ってユーザーのカートに商品を忍び込ませるやり方は、カート内の平均商品数は上げるかもしれないが、ほかの指標にも目を向ければ、メリットよりもデメリットのほうが大きいことに気づく。私たちはこれを「俯瞰」のテクニックと呼んでいる。ダークパターンを採用したときに起こりがちなことを、いくつか列挙してみよう。

1. 実際に売れてプロダクトが実際の利益をもたらす機会が失われる。魅力をきちんとアピールできれば、潜在顧客は自分から商品をカートに追加する。
2. だまされたお客は返品を求める可能性が高い。そのため返品の配送料や払い戻しの費用が生じる。
3. お客から電話がかかってくる可能性が高まる。カスタマーサポートへの電話が増え、多くのリソースを割かざるを得なくなる。
4. お客がSNSで不満を言う可能性がある。そうなれば数字では計れないブランドの評価が傷つく。
5. だまされたお客は常連にならず、サービスを友人や家族に勧めることもない。そのため、新規顧客の獲得に要する労力が増す。

説得という役目

　ビジネスとユーザーのあいだに立つ存在として、デザイナーには両者の交流を仲立ちする役割がある。デザイナーは、ユーザーとビジネス双方の利益を考えながら、ユーザーの声を代弁し、ひどいデザインには異を唱えるという、デザイナーにしかできないことをできる立場にいる。ダークパターンのデザインを依頼されたり、ユーザーの不満を「例外」として片付けるよう言われたりしたら、私たちはユーザーの側に立たなくてはならない。
　立ち上がって声をあげるのは簡単ではない。ひどいデザインを依頼されたら、別のクリエイティブなデザインを代案として示し、説得力のあるデザインパターンを使えば法に触れず利益を増やせると主張しよう。ダメな

ら「俯瞰」のテクニックを使ってデメリットを解説する。それでも足りない
なら、反面教師になる実例を示そう（LinkedIn はいつでも便利だ。たいていの人はフ
レンドスパムを送りつけられた経験を持っている）。

上層部を説得する

　これから紹介するのは、ジョナサンがダークパターンの実装を依頼され、そ
れを止めるためのプレゼンを行ったときの話だ。

　小細工的なデザインの実装をはじめて依頼されたときのことを、今でも覚
えている。僕はクレジットカードの認証フォームのデザインが大好きで、そ
こは潜在顧客が顧客に変わっていく流れの中でも一番好きな部分だ。そん
な僕の元に、自社の支払いプロセスのリデザインの仕事が回ってきた。僕は
業界のベストプラクティスに残らず目を通し、そしてプロジェクトが終わる
と、コンバージョン率は見事に12%上昇した！ デザインチーム全体の勝利
だった。その成功の勢いが残る中で、僕らはさらなる改善を繰り返すことに
した。すると、マーケティング部長がいくつか変更を加えるよう言ってきた。
会社はプロダクトに14日間の無料お試し期間を設けていた。また、1年間の
パッケージは割引価格で提供していた。そこで、無料お試し期間を強調し
て初期費用の情報を埋もれさせ、さらに支払いは、画面に表示されている月
ごとの料金ではなく年に1回のタイミングで発生する事実を隠せ、という不
愉快な依頼を受けたんだ。つまり、お試し期間が終わったあとは月ごとに割
引料金が請求されるように見せかけ、実際には12カ月分を一気に徴収しろ
というわけだ（額にして数百ドル）。
　僕は反対し、自分の意見を訴えたけど、部長は耳を貸さず、計画は実行さ
れることになった。そして当然と言うべきか、変更直後の収益は跳ね上がり、
部長の正しさは証明されたかに見えた。それでも僕は釈然としなかった。
お客さんから見て正しいことをしていなかったからだ。だから詳しく調べる

ことにした。隠れた代償を探し、このやり方がユーザーだけでなく会社も傷つけていることを確認した。カスタマーサポートで働いている知り合いから、問い合わせが殺到しているという話を聞いた。解約数が急増し、問い合わせが増えているせいでスタッフを増員しなければならなくなっていたんだ。1時間にわたって不満をこぼすお客さんの声を聞いたこともある。みんなだまされたと感じ、多くの人が怒りくるっていた。だからそうしたサポートセンター絡みの数字を集め、そこに毎週の顧客満足度の数値を組み合わせた。しかも調査を行っているあいだに、収益が落ち始めていることも知った。そうした事実をマーケティング部の部長に知らせると、部長の目が光った。心を動かされている証拠だった。僕は数値指標やデータ、ビジネス目標という彼の言葉でしゃべっていた。僕の頭の上でも、同じように電球がピカッと光った。大切なのは、相手がどんな言葉でしゃべっているかを突き止めることだ。相手の価値観や、ものの見方を知ることが大事なんだ。

その瞬間から、デザインチームは「プロダクトの見栄えをよくする」チームから、データに基づいて動く会社の貴重な財産に生まれ変わった。そして長い目で見れば、ユーザーを大切に扱うほうが見返りは常に大きいと証明した。あのときよりも知識を深めた今だから言えるけど、もっと早い段階で自分たちの価値観や原則を定めておけば、「これ以上はアウト」というボーダーラインを超える出来事が起こったときに、それをすぐ察知できたように思う。マーケティング部長との関係をもっと早い段階で築いておいて、彼の「言葉」をもっと早くに理解していたらとも思う。今は自分の価値観に沿ったチームが作れている確信があるし、必要に応じ上層部との連携も取れていると思う。

説得はだますことではない

肝心なのは、ダークパターンはセールスのテクニックとしても、マーケティングのテクニックとしても受け入れられないということだ。解決策として、ここでは「説得力のあるデザイン戦略（persuasive design strategies）」を提案した

い。説得力のあるデザインは、どれも人々に受け入れられる形でユーザーを説得し、プロダクトの登録や購入へと導く。UXデザイナーのアンダース・トクスボーは、説得力のあるデザイン戦略について、こう説明している。

> 本当なら関心のないことをやりたくなるよう、人を説得するのは難しい。説得は、誠実で、倫理的に正しくなければならない。でなければ、ほんの短い出会いの瞬間だけにとどまらない、継続的な影響はもたらせない。ユーザーに登録をさせようという不誠実な説得は、ユーザーがプロダクトを使い始めたあとで裏目に出る[*15]。

結論

　企業が顧客を怒らせるパターンはほかにいくつもあるが、犯人として一番多いのは失礼なデザインとダークパターンだ。この2つは、ブランドの品位、言い換えるなら企業の信用度に対する一種の借金だ。ユーザーのがまんには限界がある。すぐにいなくならないからといって、いつまでもブランドにとどまってくれるとは限らない。確かにユーザーは会社のプロダクトを必要とし、最初は会社が仕掛けた罠をせっせとくぐり抜けようとしてくれるかもしれないが、そのうち体験に対するフラストレーションがたまっていき、やがてこれでは割に合わないという臨界を迎えた瞬間、大爆発が起こる。誰かに利用されたい人はいない。簡単な話だ。だまされたことがわかったら、誰だっていい気持ちはしない。そんなとき、ユーザーの側に立つのがデザイナーの仕事だ。ユーザーの味方という立場を明確にし、問題をありのままに取り上げ、そして説得すべき相手の言葉を知ろう。そうすれば、相手にも納得のいく形で自分の意見を示せるはずだ。

＊15　Toxboe, Anders. "Beyond Usability: Designing with Persuasive Patterns." *Smashing Magazine*, October 15, 2015. †††23

この章のポイント

1. 心の傷はユーザーに大きな影響を与え、そしてそれは、謝罪のメール
や電話、ブランドの公式 Twitter からのリプライをすぐ送るだけでは
癒されない。

2. 礼儀は人同士の前向きな関係を築き、それぞれのバックグラウンドの
ギャップを埋める。これは人同士の関係に限った話ではなく、人間と
機械の関係にも当てはまる。

3. フラストレーションの多くは、優れたデザインのルールを守らないこ
とで引き起こされるが、世の中には意図的に複雑にデザインされたプ
ロダクトもある。それは「ダークパターン(dark pattern)」と呼ばれ、絶
対に避けなくてはならないものである。

4. ダークパターンはひとつの数値を上げるには有効で、見栄えをよくす
るが、ほかの数値を見ると、顧客の維持率や信頼度、ブランドの評価、
友人に勧めたい度合いなどは悪影響を受けている。

5. ダークパターンに反対するのは簡単ではない。ひどいデザインを依
頼されたときは、別のクリエイティブなデザインを代案として示し、
説得力のあるデザインパターンを使って、法に触れなくとも利益を増
やせると証明しよう。ダメなら「俯瞰」のテクニックを使い、まだ足り
ないなら反面教師になる実例を示そう。

Interview —— **Garth Braithwaite**

　これから紹介するのは、Adobe のシニア・エクスペリエンス・デザイナーに
して、O'Reilly から本も出している作家、さらに Open Design Foundation の
開設者でもあるガース・ブレイスウェイトへのインタビューだ。

1. あなたにとって、テクノロジーの目的とはなんですか？

　テクノロジーの一番の目的は、人間の暮らしをよくすることだ。コミュニケーションや健康、生活の質全般を改善することだ。細々とした雑務や繰り返しの作業がスムーズ化して時間の余裕が生まれれば、もっと大事なことに集中できる。自分にできることを見極められれば、自分を磨ける。

2. 世界を今よりもいい場所にするために、デザインが果たす役割はなんでしょうか？

　デザインとは、世界と触れ合う方法を学び、改善していくプロセスだ。優れたデザインには、改善点を明らかにし、問題の解決策へ導く力がある。

3. デザイナーが、オープンソースのプロジェクトに積極的に関わらなくてはならない理由はなんでしょうか？

　ウェブの大半は、無料のオープンソースのソフトウェアで成り立っている。オープンソースがわれわれのテクノロジーとコミュニケーションの土台になっているんだ。そしてデザイナーは、ウェブの未来を形作る仕事に関心を抱いている。オープンソースのライセンスは、そもそもクリエイターたちに未来の形成に関わるチャンスをもたらす性質がある。参入の障壁が下がるからね。

4. そうした関わりの中で、今までで一番うまくいったものはなんですか？

　オープンソースのソフトウェアで一番うまくいき、すばらしかったのは、みんなでよくある問題への解決策を見つけ出して、その解決策を無料のオープンライセンスの形でリリースできたことだ。関わった人たちはみな、お金ではなく人の役に立ちたいという想いをモチベーションにしていたよ。
　具体例を挙げるなら、一番気に入っているのは「ナイトスカウト・プロジェクト（Nightscout Project）」[28]だ。自分の家族にも影響があったんだ。プロジェクト

の目的は、1型の糖尿病を患っている家族のいる人が、血糖値をいつでも確認できるようにすることだった。オープンソースのプロジェクトだったから、賛同した患者の親がどんどん集まってきて、治療法としての政府の承認を待つまでもなかった。プロジェクトのハッシュタグは #wearenotwaiting（われわれは待たない）だった。

5. デザイナーとオープンソースとの関わりはどのようなものでしょうか？

それは、ほかのプロダクトとの関わりと同じだ。改善点を特定し、調査を行い、ワークフローを確立して、プロダクトを使ったユーザーのニーズを満たすことだ。

6. オープンデザインとはどのようなもので、特徴はなんでしょうか？

Open Design Foundation[†29] はデザイナーとデベロッパーの集団で、彼らはみな、デザイナーがオープンソースのソフトウェアにもたらす大きな価値、言い換えるなら、愛と情熱をもってソフトウェアを開発することで生まれる価値を体現している人たちだ。

オープンソースのソフトウェアは、デベロッパーには気楽なものに思えるのだが、ほかの人たちは敷居が高く感じることがある。Open Design Foundation の目的は、デザイナー（に限らずあらゆる人）を促し、啓発して、無料のオープンソースのソフトウェア開発にもっと関わってもらうことにある。

第4章

デザインは悲しみを呼ぶ

デザインの際に考慮すべき感情はいくつもある。しかしその多くは、悲しみや自責、屈辱、疎外感、後悔、苦悩、不快感、心痛、退屈など、前の章で取り上げた怒りと不満よりも捉えどころがない。そのせいか、デザイン業界でこうした気持ちについて耳にすることはほとんどない。企業が気にする感情が怒りとフラストレーションだけなのはなぜか。まず、企業がユーザーの行動の情報を集めるのに使っているツールや基準の多くは、感情の測定に不向きで、適切なデータを集められない。次に、人の気持ちを理解するには、本人に尋ねるのが一番いい。残念ながら、こうした定性情報は、定量データよりも重要度が低いとみなされている。

この章では怒り以外の感情について、お粗末なデザインがユーザーの気持ちをいかに傷つけるかを見ていこう。それから、そうしたミスを避けるためのツールを紹介し、さらにプロジェクトに関わるすべてのステークホルダーをうまく説得して、ユーザーの気持ちこそが肝心だとわかってもらう方法を解説する。

ユーザーの「Dribbble 化」

なんらかの体験を生み出そうとするとき、私たちデザイナーは、ユーザーに喜びや楽しさ、価値を実感してほしいと考える。つまり、常に目標は、明るい感情を抱いてもらうことになる。だからデザイナーは、前向きな姿勢で仕事に臨まなくてはならない。しかしそうした姿勢で仕事をしていると、実際のユーザーや彼らの実生活に即した、ユーザーの失敗を想定したデザイ

ンをできなくなる。そのことは、Dribbble[30]やBehance[31]といった、デザイナーの作品とそのコンセプトを紹介した人気のウェブサイトを見ればすぐわかる。デザイナーは、インターフェイスのサンプルを笑顔のモデルや壮大な入り口、エキゾチックな背景の大きくて鮮明な画像で埋め尽くす。ところが、アプリを開いたユーザーがそうしたものを使うことは実際にはほとんどない。現実には、ユーザーのプロフィール画像は遠くから撮った小さな姿だったり、ぼやけていたりする。背景はにじんでいるし、コンテンツもこちらが用意した派手で理想的なサンプルと違って地味なものだったりする。プロダクトを発売し、ユーザーがアプリを使い始めてようやく自分たちの失敗に気づくのは、デザイナーにありがちな過ちだ。同僚と「自分たちはユーザーじゃないぞ」と常に言い聞かせながら仕事をしていても、気づけば自分たちのためでもなければユーザーのためでもない、自分たちの頭の中の理想のペルソナのためだけのデザインをしてしまっていることがよくある。ニーズと行動が、企業側のビジネス目標と奇跡的にマッチしている人物を頭の中に作り上げてしまうのだ。

　ユーザー中心のデザイン（User-centered design、UCD）が効果的なのは、まずはユーザーをよく理解し、その上で何かをデザインするというやり方が体に染みつくからだ。ユーザーのニーズや行動原理を理解してはじめて、解決策を考えることができる。最初にプロダクトをデザインし、ユーザーのニーズと商品の機能が一致していることを期待するやり方は、まずうまくいかない。ユーザーのことをしっかり知れば、現実の人生にはいくつもの浮き沈みがあり、大冒険もあれば退屈な午後も、楽しみも悲しみもあるとわかる。それなのにデザイナーは、どうしてもユーザーは理想的で前向きな、善意を持った人物だという虚像に囚われがちだ。ユーザーは昼ドラの登場人物ではないし、出番が終われば人生を歩むのをやめるわけでもない。その事実を忘れてしまうことは、デザイナーが最初に犯しがちな過ちと言える。

意図せぬ残酷さ

　「極端なケース」を見過ごしてしまうと、ユーザーに対して非常に残酷な

仕打ちをしてしまいかねない。その痛ましい実例を、ウェブコンサルタントで作家のエリック・メイヤーが紹介している。メイヤーは「アルゴリズムの意図せぬ残酷さ」と題したブログ記事[†32]で、Facebookの善意の機能がいかに自分を苦しめたかを振り返っている。メイヤーには、残念ながら2014年にこの世を去った、レベッカちゃんという小さなお子さんがいた。その年の末、Facebookは「今年を振り返ろう (Year in Review)」と題した機能をページに搭載した。ユーザーがその年に投稿した動画や音楽、写真、文章などを拾い集め、アニメーションと音楽付きで、本人に代わって1年を振り返ってくれるという機能だ。ところが大変な1年を送った人にとって、本来1年を祝福するはずのその機能は、つらい思い出を掘り返すだけにしかならなかった。その日メイヤーがFacebookにログインすると、踊っている人と風船のイラストに囲まれた、今は亡き娘の巨大な写真が目の前に現れた (図4-1参照)。そして傷に塩を塗るかのように、その機能はユーザーのほうで無効にできず、エリックはFacebookを訪れるたびに何度も何度もその画像を目の当たりにしなければならなかった。

図4-1
エリック・メイヤーの2014年を振り返ろうのページ。鈍感にも、踊っている人と風船のイラストに囲まれた、亡くなった娘さんの写真が表示されている (画像はエリック・メイヤーの好意により提供)。

「この日の午後くらいは楽しく過ごしたかったのに、悲しみはどうあっても私を逃してくれなかった」。メイヤーは記事にそう書いている。そして残念ながら、こうした経験をしたのはメイヤー1人ではなかった。つらい思い出を、望んでもいないのに目の前に突きつけられた人はほかにもいた。家の火事、つらい破局、友だちの死……そうした不幸な出来事がその年の「ハイライト」として示された。もちろん、誰かがFacebook上でわざと残酷なことをしているわけではない。この機能は、最高の1年を送ったユーザー、思い出したい出来事のあった1年を送ったユーザーの大半には、好評を得た。

デザイナーはユーザーを驚かせ、喜ばせるのが大好きだ。だから奇抜なタイトルを使い、イースターエッグを加え、ワンクリックすら必要ない小さな機能を実装し、ディテールを付け加えて、そのユーザーだけの体験を創り出そうとする。ほとんどの場合、それはとてもいいことだ。それでも、ユーザーを喜ばせ、思い出を呼び覚まし、日取りを確認し、ニーズを先取りする機能を搭載するときは、必ずユーザーのほうで機能を有効にするかを選べるようにしなくてはならない。ユーザーのためを思って置いたインターフェイス上の要素が、誰かを瞬時に悲しい気持ちにさせることもある。

もうひとつ、ユーザーが生み出したコンテンツを活用するときは、可能な限り情報を事前に収集して、それが繊細なものかを見極める必要がある。先ほどの例なら、Facebookは画像に付いたコメントを収集していれば、それが悲しい思い出にまつわるものかを判断できた可能性がある。「悲しい」や「お悔やみ」「安らかに」といった言葉がコメントにあれば、マイナスの思い出を呼び覚ます画像はコーナーから外せたはずだ。

悲しみを呼び覚ますトリガー

これから紹介するのは、モントリオールのUXデザイナー、クロエ・テトローの体験談。彼女はこんな形で、Facebookに悲しい気持ちにさせられた。

2013年7月31日

　私の父は、2013年7月31日の午前4時にこの世を去った。57歳だった。父はステージ4のがん、つまり全身にがんが転移していると診断されていた。症状は急速に進行して、診断からわずか3週間後には逝去した。

　人の死とそれにともなう悲しみは誰もが経験する抽象的な体験で、多くの人にとってはなるべく正面から向き合いたくないものだ。死の悲しみには5段階があると言われているが、現実には感じ方は人によって異なる。私の場合、最初はとても感情的になり、その気持ちを外に発散して、会う人ごとに父の死を話さずにはいられなかった。そうやって父の死という事実を受け止めようとしていた。ところが何カ月か経つと、悲しみは内へ向かうようになり、できるだけ人に話したくないと思うようになった。自分の気持ちは誰にもわからない、あるいは自分が乗り越えようとしている悲しみをうまく表現することは不可能だと感じていた。実際、悲しみが完全に消えてなくなることはない。時間とともに気持ちが変わったり、軽くなったり、悲しみが拡散することはあっても、ときどきふとした瞬間にまた襲ってくることがある。その気持ちを説明するのは難しい。

　父の死から何時間かあと、おばのフランスが家族の古い写真をFacebookに投稿した。私と私の姉妹が、父と一緒に笑っている写真だ。素敵な写真で、いい思い出だった。おばもいろいろ考えて写真を投稿してくれたんだな、とそのとき思ったのを覚えている。たくさんの人がコメントをくれたし、そのあとは助けてくれる人も現れた（私自身も、3日後には写真にコメントした）。

2015年7月31日

　それから2年後、私は割合にいい気分で金曜の朝を迎えた。週末には楽しみなことがあった。いつも通り7時半に目を覚ました私は、携帯電話を手に取り、Facebookのタイムラインに目を通し始めた。そこで突然、気分が一瞬で沈む出来事が起こった。タイムラインに、おばが2年前に投稿した父の写真が再び出てきたのだ。1秒もしないうちに、父との思い出と最後の数週間のことが頭に押し寄せ、涙がほおを伝い始めた。そんなふうに、Facebookは私の一番つらい思い出を、不意を突くかのように蘇らせた。

どうすればよかったのだろう。写真のタグ付けを外せばよかったのかもしれない。ところがそのころまでに、写真の現物はおばのアルバムコレクションのどこかへ紛れこんで、行方不明になってしまっていた。だから現物を見たいときに見るのは難しかった。

さっきも言ったとおり、悲しみが完全に癒えることは決してない。Facebook に写真を見せつけられたせいで、私は悲しみを受け入れるプロセスを3ステップ戻ったような気がした。ひどい体験だった。どうして Facebook は察してくれなかったのだろう？　どうして避けてくれなかったのだろう？確かに私は、思い出を共有したいと思ってサイトを使っているが、中には共有したくない、もっと言えば思い出したくない思い出もある。父の死を思い出したくなんてなかった。その日のことは、私の胸に永遠に刻まれている。

2016年の父の日

何年が経とうと、休日がやってくるのは避けられないのと同じで、どれだけ時間が経とうと、とにかくつらくて仕方がない日はやってくる。私にとって一番つらいのは、クリスマス、父の誕生日、そして父の日だった。この年も、Facebook は私に、今日が父の日だということを思い出させた。私はそのメッセージを無視した。前の年も無視したのをはっきり覚えている。それなのに同じ通知が今年も来た。

ただ、これは本当に複雑な話だった。なぜって母の日が近づいたときに Facebook が知らせてくれるのは、すごくありがたいと思っていたからだ。

2016年7月31日

シンシアとジョナサンの本のためにこの話を書き始めたのが7月末だったのは、完ぺきなタイミングだった。7月31日、Facebook はまたしても記憶を呼び起こした（メッセージを毎年読んでいたから、この年も送られてきた）。それでも、この年は少し見るのが楽だった。多分、これまでよりも心の準備ができていたからだと思う。

自責の念と屈辱感

　プロダクトに対するフラストレーションは、自責の念と屈辱感という形で、ユーザーの心の一番深い部分を傷つける。ユーザーは、製品がうまく使えないのは自分がミスをしたから、あるいは自分の使い方が下手だからだと思い込む。そうした小さな傷がユーザーの心に積み重なり、やがて大きなダメージになるということに、私たちデザイナーはなかなか気づけない。こうした自責の念が原因で、ユーザーはテクノロジーを遠ざけたり、他人の前で使うのを避けたりするようになる。

　ユーザーはたいてい1人でプロダクトを使う。どれくらいうまく使えているかをほかの人と比べる機会はなく、たくさんの人が使えているのだから、問題があるのは自分のほうだと思い込む。思い込みは疎外感につながり、やがて使い方がわからないつらさや屈辱感を味わいたくないと、テクノロジーを自分から避けるようになる。痛みや不快感、フラストレーションを味わうくらいならと、孤立するほうを選ぶ。

「パワーユーザー」向け機能

　はじめてプロダクトを使う人が、疎外感を抱かないようにするための方法はいくつかある。まず大切なのは「新入り」の利益よりも「パワーユーザー」、つまり熟練ユーザー向けの機能を優先しないことだ。こうした機能は、どんなに優れていても、初心者向け機能を犠牲にして搭載してはならない。

｜ ショートカット

　ショートカットを使わなければ、あるいはアイコン表示しかない（文章が付いていない）操作をしなければたどりつけないオプションには注意が必要だ。見つけ出すのにどれだけ手間が要るかを考えてほしい。ツールチップは非常に便利だが、カーソルがなければ機能しない（携帯電話やタブレットでは役に立たない）。この問題にはいい解決策がひとつある。

「ヘルプ」メニューの直下に検索機能を置くやり方で、macOS の多くのアプリケーションがこの方式を採用している（図4-2参照）。こうしたアプリでは、単に入力語にマッチした検索結果を表示するだけでなく、ユーザーに、次に探すときはどこへ行けばその機能が見つかるかを教えてくれる。すべての項目にショートカットキーが付いているのもポイントで、これも新規ユーザーを考慮したやり方だ。欲を言えば、⌥ や ⇧、⌃ といったシンボルはなかなか理解できない人も多いだろうし、キーボードに印字されているとも限らないので、きちんと Alt キーや Option キーといった形で表記してほしかった。この点は Google ドキュメントのほうが優れている（図4-3参照）。

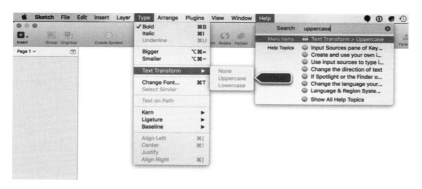

図4-2
macOS の多くのアプリケーションでは、ヘルプメニューの下にすばらしい検索機能が付いている。ただ結果を表示するだけでなく、そのオプションがメニューのどこにしまってあるかも教えてくれる〔訳註：写真では右上で「uppercase（大文字）」を検索。Menu から Text transform → Uppercase で大文字にできることが示されている〕。

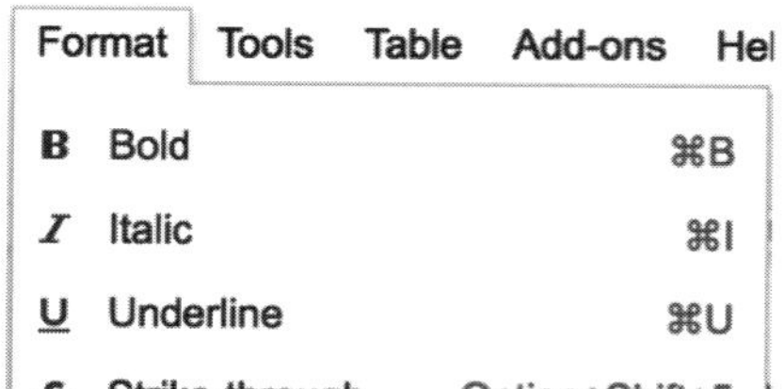

図4-3
Google ドキュメントでは、省略用のシンボルではなくきちんと「Option」という言葉が示してある。

　新しい設定を加えるときは、複雑さに見合った価値があるかを自問しよう。その上で、どれも必須なのであれば、複雑で使用頻度の低いものを隠したり、まとめたりすることを検討してほしい。もっといいのは、設定ページに使い方の実例をビジュアルの形で直接貼り付けることだ。そうすれば外国のユーザーも喜ぶだろう。デザイナーは誤解しがちだが、ユーザーはプロダクトのことを隅から隅まで理解できるわけではない。

　デザイナーはよく、理解力の低いユーザーを助けるのは手間だと考え、彼らの存在を最初から無視し、いなくなっても引き留めようとしない。自分たちが相手にしているのは「パワーユーザー」や「モダンユーザー」、あるいは「若い人」だと思っている。しかし実際には、そうしたユーザーが問題に出くわさないわけではないし、誰でも簡単に使えるプロダクトをデザインしないのは、手に入るお金を逃しているのと同じだ。

誰にも理解できないオプション

　これから紹介するのは、シンシアがあるゲームデザイナーのグループを対象にワークショップを行ったときの話だ。

　先日、あるテレビゲーム会社でワークショップを開いた。集まった面々に、自分は「ゲームマニア」だと思うかと訊くと、ほとんどがそう思うと答えた。その証拠に、私がプレゼンで、いろいろなゲームの画面のスクリーンショットを表示して「これはなんというゲームですか」と訊くと、彼らはゲームのタイトルをひとつ残らず言い当てた。ほとんど聞いたことのない、インディーズのゲームもだ。

　そのあと私は、大人気ゲーム「ディアブロ3」のゲームプレイのオプションをいくつか示し(図4-4参照)、「垂直同期(vertical sync)」と「クラッター密度(clutter

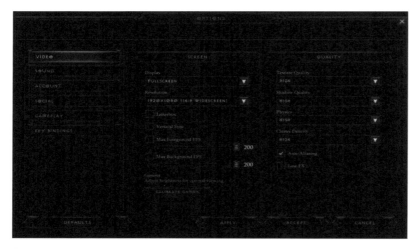

図4-4
ディアブロ3の映像出力オプション。メニューには、ほとんどの人が(「パワーユーザー」であっても)説明はおろか理解もできないオプションがいくつかある。

density)」の意味を尋ねた。会場がしんと静まりかえった。私は常々、こうしたオプションの正確な意味も知らないようでは、自分もまだまだゲームマニア(パワーユーザー)とは言えないなと思っていた。ところが今私の目の前にいるのは、ゲーム開発者とゲームデザイナーの集まりなのだ。彼らなら当然、こうしたことはよく知っているはずだと思っていた。ところがこの2つのオプションの具体的な意味を説明できなかった。ならなぜ、このオプションはどのプレイヤーにも見える場所に置いてあるのか。新規プレイヤーに疎外感を与えないだろうか。詳細設定はまとめられないか。説明を加えるべきではないか。いや、それよりもいいのはわかりやすい実例を示すことではないのか。

悪用の余地を残す

気持ちを傷つけるパターンとして、もうひとつありがちなのが、間違った

使い方に対するデザイン上の予防策の欠如だ。デザイナーもプロジェクトの開始当初は、プロダクトの非常に細かな部分にまで気を配って仕事をしている。ところが時間が経つにつれ、気にしなくてはならない部分が増えてくる。全体的なユーザー体験やインタラクション、見た目もデザインしなくてはいけないし、プロダクトに関する意思決定に参加しなくてはならないことも多い。そのたびに、デザイナーの責任は増していく。ところが「プロダクトがすべきこと」という狭い視点に囚われると、特殊な使われ方を見落としがちになる。製品は、こちらが思いもよらない使われ方、ペルソナなら絶対にやらない使われ方をされる場合がある。

　ペルソナは、企業の全員がユーザーの身になって考えられるようになる優れたツールだが、逆効果のこともある。企業の考えるユーザー像を限定しかねないからだ。特にペルソナとして検討するのを忘れがちなのが、よくないユーザーだ。デザインの世界には「悪いのはユーザーじゃない、デザインだ」という格言があるが、この言葉は正確ではない。私たちは、コンピュータが苦手なユーザー、悪意あるユーザーを話題にしたがらない。しかし万人向けのデザインを行いたいなら、デザイナーは、人間にはよくない面もあるという事実を受け入れなくてはならない。憎しみや偏見、人種差別、悪意、暴力衝動を持つユーザーはいる。ソーシャルなプロダクト、つまりユーザー同士の交流に使われるものでは特にそうだ。

　たとえば、インターネットにファイルをアップロードできるアプリがあれば、それを悪用してスパムメールを送ったり、フィッシングをしたり、不快な気持ちになる変なものを送りつけたりするユーザーが必ず現れる。世の中には、驚くような悪用の手口がいくつもある。デザイナーは、ユーザーは悪いことをする場合があるという厳然たる事実を心にとめておく必要がある。そうしたことを踏まえたデザインを採用し、プロダクトを使う人たちを守るのはデザイナーの責任だ。

　では、悪用を防ぐにはどんなデザインの仕方をすればいいのか。悪用を減らすデザインは、偶然には実現しない。テクノロジーの安全が決して完ぺきにはなりえないのと同じで、プロダクトをデザインする際には、悪用の可能性を細かく考えなくてはならない。これから紹介するチェックリストを使

えば、かなりの可能性をあぶり出せる。新機能や追加機能をデザインするときは、次の質問を自分に投げかけてほしい。

- この機能はどんな形で悪用され、人を傷つける可能性があるか
- この機能が悪用された場合、ユーザーはどんな対策が取れるか
- 禁止／規制のシステムは、トップダウン式か、それともボトムアップ式か。トップダウン式なら規模はどのくらいか
- あるユーザーがこの機能を別のユーザーに対して悪用した場合、どんな結果が生じるか。被害者は何を失うか
- 対策を増やすとして、それが悪意のない大半のユーザーの交流を阻害し、交流する気をしぼませはしないか。邪魔をしない別の対策はないか
- 悪用にメリットがないか

「自分はツールをアップしただけだ。ユーザーがどう使おうと自分の知ったことじゃない」。こういう安直な言い訳に逃げてはいけない。Twitter の創業者はよく「Twitter はコミュニケーションの場であって、コンテンツの仲介者ではない」と言っていた[1]。ところがこうした姿勢を変えなかったせいで、Twitter は人種差別主義者や悪党、ハラスメントの常習者の天国になった。悪化する一方の状況を受けて、2010〜2015 年に Twitter の CEO を務めたディック・コストロはこう記している。

我々のプラットフォームの悪用のされ具合と、悪党に対処する日々にはうんざりだ。もう何年も同じ状況が続いている。知っての通り、この問題は世界中で話題になっている。毎日のように発生する単純な悪用の問題に対応しないせいで、我々はコアユーザーを 1 人、また 1 人と失っている。
率直に言って、自分が CEO だったあいだ、この問題にうまく対処できなかったことを恥ずかしく思う。ひどかった。言い訳のしようもない[2]。

ソーシャルなプロダクトでは、悪用の形ははっきりしていることもあれば、わかりにくいこともある。悪用か、それともちょっとした暴言かの境目もわ

かりにくい。たとえば「クソ、死ね」という言葉は禁止すべきだろうか。不快なコメントなのは間違いないが、文脈次第では禁止するほどではないかもしれない。ゲームのボイスチャットでは、こうした言葉は割と当たり前に飛び交う。しかしSNSでこの言葉を他人に直接ぶつけたら、残酷なだけでなく、違反になりかねない。

SNSでは、こうした振る舞いは、常習化していない限りは許容される風潮がある。ほかのプロダクトなら、アカウントを停止される可能性があるのにだ。ソーシャルなプロダクトでは、はっきりとした線引きをするか、それともグレーゾーンに運営側で対処するかを決めなくてはならない。FacebookとTwitterはどちらも悪用への改善対応を進めていて、簡単に違反報告ができるようにしたり、イヤな人間の発言を見えなくするミュート機能を付けたりしているが、この本を書いている時点で、両社のグレーゾーンや明らかな悪用に対する姿勢は弱腰だ。

ユーザーを悲しませない方法

私たちも、Facebookのデザイナーやエンジニアが悪意を持って新機能を作ったなどとは思っていない。繰り返すが、1人の人間を責めてもなんにもならない。ただ、善意がユーザーを傷つけたことの言い訳になるとは限らない。そこでここでは、ユーザーが悲しむ瞬間を作り出さない方法を見ていこう。

感情の変化とデータベースの状態の変化とを混同しない

コンピュータにとって、Facebook上での反応は単なる数列に過ぎない。しかしデザイナーは、ユーザーが「いいね！」を押す理由は考えても、「いいね！」がそのときの気持ちをそのまま表していると考えてはいけない。

＊1　Schiffman, Betsy. "Twitterer Takes on Twitter Harassment Policy." *Wired*, May 22, 2008. †††24

＊2　Warzel, Charlie. "'A Honeypot for Assholes': Inside Twitter's 10-Year Failure to Stop Harassment." BuzzFeed News, August 11, 2016. †††25

Facebookが別の反応ボタン（超いいね、うけるね、ひどいね、すごいね、悲しいね）を実装する前、ユーザーが誰かのコンテンツに反応する方法は、コメントするか「いいね」を押すかしかなかった。だから誰かがとても悲しい情報を投稿すると、それに対してたくさん「いいね」が付くことがよくあった。もちろん、押した人は友人の不幸を喜んでいるわけではない。「いいね」を押すのは同情の表現だった。「読んだよ」とか「自分がついてるよ」、「気持ちを打ち明けてくれてうれしい」といったことを表す手段だった。「いいね」ボタンを押すことと、何かを本当にいいと思っているかはまったく別の話だった。

　同じようにアルゴリズムを使った機能を構築している人は、本当の気持ちの代用であるアイコンではなく、正しいデータを使ってほしい。「いいね」が押されたからといって、相手が本当にいいと思ってるとは限らないのは、ユーザーもわかっている。しかし残念ながら、アルゴリズムが共感の「いいね」と本当の「いいね」の違いがわかるとは限らない。

｜ シンボルのパワーを見くびらない

　今言ったことは、2番目の重要なポイントにつながってくる。つまり、コンテンツとのインタラクションに使う言葉とシンボルは、念には念を入れて選ばなくてはならない。言葉やシンボルは、ユーザーの実際の行動をいつも正確に表したものでなければならない。たとえばApple Mailでは、メールを迷惑メールフォルダに入れたいときは、親指を下に向けた形の「サムズダウン」ボタンを押す仕組みになっていた（最近アイコンが変更されてメールボックスの「×」印を押す方式になった）。であれば迷惑メールフォルダに入れたメールをメールボックスに戻したいときに使うのが「サムズアップ」（欧米では何かをいいと思っていることを表す動作）ボタンなのは何もおかしくなかったし、理論上はそれで問題ないはずだった（図4-5参照）。しかし現実には、安全な（迷惑ではない）メールのすべてをユーザーがいいと思っているわけではない。たとえばこれは私たちの実体験なのだが、新しい金融機関から来たクレジットカードの明細がApple Mailで誤って迷惑メールフォルダに振り分けられてしまったときでも、ユーザーは「いいね」を押さなくては明細をメールボックスに戻せな

図4-5
Apple Mail では、迷惑メールフォルダのメールをメールボックスに戻したいときは「いいね」を押さなくてはならない。

い。もちろん、私たちのほとんどはクレジットカードの明細をいいとは思っていないのに、そう表現することをソフトウェアに強制されるのだ。

「ただのシンボルだし、傷つくようなことじゃないよ」と思った人もいるかもしれない。しかし実際には、行動と結びついたシンボルには大きな力がある。笑顔マーク、親指、いいね、星、ハートなどには、感情を大いにのせることができる。

Airbnb は宿泊場所を検索したり、予約したりするのに使うオンラインサービスだが、レビューに使っていたシンボルを当初の星からハートに変えたところ、コンバージョン率が急増した。UX 関連サイトの Co.Design に掲載された記事によると、星が「ウェブの一般的な略語」で重みを持たないのに対し、ハートは「熱望」を表し、見た人の心に訴えるのだという。

何年かのあいだ、Airbnb は閲覧した施設に星を付けてリストに保存するシステムだった。しかしゲッビアのチームはこう考えた。ほんの少しシステムを変え

れば、ユーザーのエンゲージメント〔訳註：会社や製品に対する消費者の愛着、思い入れ〕も変わるのではないかと。そこで星をハートに変更した。(中略) すると驚いたことに、エンゲージメントがなんと30％も上昇した。「あれでもっとやれると自信がつきました」とゲッビアは言う。何よりこの出来事は、検索ベースのサービスにつきものの表面化しにくい弱点について、会社が考えるきっかけになった*3。

　気持ちを力強く伝えられるのは、ハートだけではない。笑顔マーク「：）」も同じくらい強力だ。ある研究によれば、人間の脳はもう、顔文字と本当の気持ちの違いがわからないという*4。もう一度言おう。人間の脳はもう、笑顔マークと本当の笑顔を区別できない。

　人間の脳は今、本物の表情を処理するときの信号を使って顔文字の情報を処理している。ある研究チームがそのことを証明した。チームは20人の被験者に笑顔マーク、本物の顔、そして特になんの意味もないシンボル群を見せ、脳波の活性化を記録した。すると、驚いたことに、本物の顔を見たときよりも、マークを見たときのほうが信号が強まった*5。

┃ ユーザーはいつか必ず死ぬということを忘れない

　サービスをデザインするときにこの事実を考えなくてはならないのは、もちろん楽しいことではないが、長く事業を続けたいならユーザーの死と向き合うのは避けられない。みなさんはこれまで、死をきっかけにサービスが解約されることを考慮に入れてきただろうか。悲しみに暮れる人が、愛する故人のアカウントにアクセスしようとしている状況にどう対応するだろうか。アカウントの移行をできる限りつらくない形で、なおかつ安全を保ちながら終えるにはどんな手続きが最適だろうか。Eメールを送りつけるつもりでは

＊3　Kuang, Cliff. "How Airbnb Evolved to Focus on Social Rather than Searches." Co.Design, October 2, 2012. †††26

＊4　Eveleth, Rose. "Your Brain Now Processes a Smiley Face as a Real Smile." Smithsonian.com, February 12, 2014. †††27

＊5　Churches, Owen, Mike Nicholls, Myra Thiessen, Mark Kohler, and Hannah Keage. "Emoticons in Mind: An Event-Related Potential Study." *Social Neuroscience* 9:2 (2014):196–202.

ないだろうか(紙の手紙はなお悪い)。

　人の死にとても繊細に対応している企業がある。Twitter だ。亡くなった
人の Twitter のアカウントを削除したいユーザーは、細かな部分まで丁寧に
デザインされたフォームに案内される (図4-6参照)。フォームは実直な言葉を
使いながら、繊細な選択肢を用意している。まず、亡くなったユーザーに関
する部分には「報告の詳細」という中立的な表題が付いている。直接的な言
い方を避ける言葉の選択で、これならフォームの入力を行う人が、愛する故
人のことをいろいろと思い出す必要もない。「追加情報」という項目もあるが、
入力は任意だと明記されていて、ユーザーはつらくないことだけを書き込め
ばいい。最後に、入力している人と亡くなったユーザーの関係を訊いている
が、詳しい説明は求めず、質問の影響をできるだけ小さくするため、対象を
3種類の人に限定している。家族か保護者、法的な代理人、そしてその他だ。
動詞が一切使われていないことにも注目してほしい。フォームの入力がつ
らい作業なのは考えるまでもない。そのうえ、「自分は死んだ人間の母親で
ある」などと言わせるのは、相手を傷つける無駄な行為でしかない。

｜ 悲しみの保安官を指名する

　チームで作業を行っている場合は、誰か1人を「悲しみの保安官」に指名し、
事件や被害者の存在に心を痛める保安官のように、1週間のあいだ悲しんで
いる人の役を務めてもらおう。保安官の役割は以下の通り。

- ミーティングで不満を持っているユーザーの声を代弁する
- 現行のデザインを、不満を持っているユーザーになったつもりで評価する
- 週の最後に、シェアできる日誌(シンプルな箇条書きの Google ドキュメントで構わな
  い。誰とでも共有できるし、誰でも書き込める)を使ってわかったことを共有する

　たとえばブレインストーミングを行うなら、保安官は、誰もが楽しい1日
を送っているわけではないとあえて指摘する必要があるだろう。口にするの
はこんな言葉になるかもしれない。「悲しい理由でパートナーのアカウントを

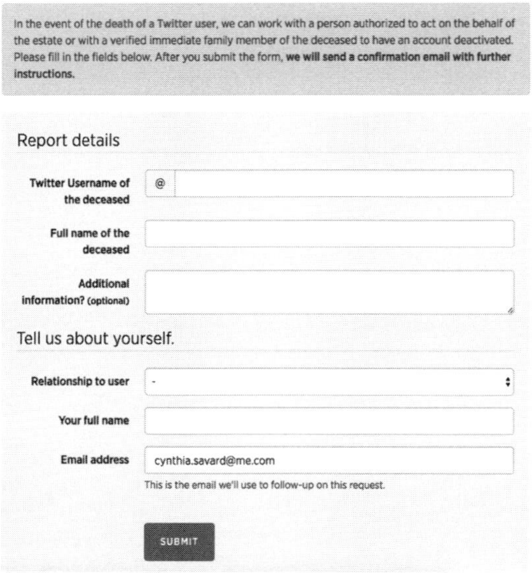

> In the event of the death of a Twitter user, we can work with a person authorized to act on the behalf of the estate or with a verified immediate family member of the deceased to have an account deactivated. Please fill in the fields below. After you submit the form, **we will send a confirmation email with further instructions.**
>
> **Report details**
>
> | Twitter Username of the deceased | @ |
> | Full name of the deceased | |
> | Additional information? (optional) | |
>
> **Tell us about yourself.**
>
> | Relationship to user | - |
> | Your full name | |
> | Email address | cynthia.savard@me.com |
>
> This is the email we'll use to follow-up on this request.
>
> SUBMIT

Twitter では、利用者が亡くなられた場合や利用者自身での対応が難しい場合、その利用者の代理人として正式に認められた方のご協力の元でアカウントを削除できます。下記の項目を記入してフォームを送信いただければ、折り返し確認メッセージと詳しい手順をお送りいたします。

報告対象アカウントの詳細

そのアカウントの所有者のユーザー名　@_____

そのアカウントの所有者の名前　_____

追加情報がありますか？（任意）

_____

報告者本人について

ユーザーとの関係　-_____

氏名　_____

メールアドレス　cynthia.savard@me.com

このメールアドレスは Twitter からの連絡に使用します。

送信

図4-6
亡くなったユーザーのアカウントを停止するための Twitter のプライバシーフォーム††9

停止したいと思っている人には、このメールの文言はキツすぎる」。あるいは「助けがほしくてサイトに来た人が必要な情報を見つけられない」など。

それからスケジュールを組んで、保安官のタイプを順番に変えていこう。たとえば1週目は"心を痛める保安官"、2週目は"気分の悪い保安官"、3週目は"悲しみの保安官"、4週目は"落ち込む保安官"、5週目は"体に障害のある保安官"というように。さらに、デザイナー以外の全ステークホルダーにも保安官役を務めてもらう。ただしひとつのタイプを1週間（アジャイル開発を採用している場合は1スプリント）以上も務めるのは避けること。いつもいつも場をしらけさせる役割ばかりでは気が滅入るというものだ。

｜ 機能開発の優先順位を考え直す

新しいプロダクトの開発にはコストがかかる。大企業であっても、使えるリソースは無限ではない。である以上、実装したい機能は、x軸とy軸のある表に照らして優先順位を決める必要がある。表のx軸には影響を受ける人の割合を、y軸には使用頻度を取る。そして、一番多くの人が使い、一番よく使われる機能を最優先で実装する（図4-7参照）。

この方法はとても効果的だが、ひとつだけ気をつけてほしい点がある。それはこの表だと、起こることはめったにないが、起こったら悲惨な事態にな

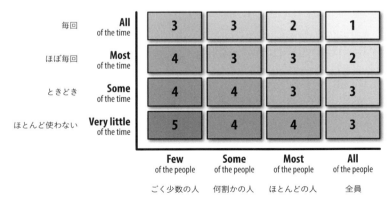

図4-7　標準的な機能の優先順位表

りかねない状況への対策がほぼ盛り込めないことだ。「最悪の事態は何か」を自分の胸に尋ね、答えが誰かが傷つくことや、殺されることの場合は、たとえ発生の確率がほぼゼロでも、必ずその対策を最優先にしなくてはならない。安全対策は普通に使っているユーザーを苛つかせる場合があるが、ごく少数でも人が傷つくのを避けるためなら、多くのユーザーを多少苛つかせるのは問題にならない。被害の防止策は、常に有益な機能に優先する。たとえばブログのプラットフォーム Tumblr では、閲覧者が「悲しい」という言葉で検索をかけると、検索結果ではなく心配の言葉が表示される(図4-8参照)。ほとんどのユーザーは、もう1回クリックをしなくてはならず不便に感じるかもしれないが、ごく少数のユーザーにはものすごく助かるし、大きな違いになる。しかもそれを見れば、助けを必要としていない普通のユーザーにも、Tumblr が利用者全員を心から大切にしていることが伝わる。

破滅のブレインストームを行う

　人間の体験する状況は無数にあって、すべてのシナリオを想定したデザインを行うのはもちろん不可能だ。それでも大多数を網羅するためにできる、45分の盛り上がるグループ・アクティビティを紹介しよう。私たちは「破滅のブレインストーム (catastrophic brainstorm)」と呼んでいる。できる限りたくさんの人を部屋に集めて「この新機能を搭載したときに起こりうる最悪の出来事はなんだと思いますか?」と尋ねよう。その後、参加者は破滅のシナリオを考え、付せんにメモし、壁に貼っていく。みんなで想像力を働かせよう。最初に滅茶苦茶なシナリオが出てくると、あとの人も発表しやすい。付せんがある程度集まったら、今度は「最悪のケース」だと思うものに投票してもらう。そして選ばれた上位3つを、開発ロードマップの優先事項として真剣に検討しよう。

テストのシナリオを変更する

　ユーザーテストを実施するとき、デザイナーはよくこんな注意書きを参加

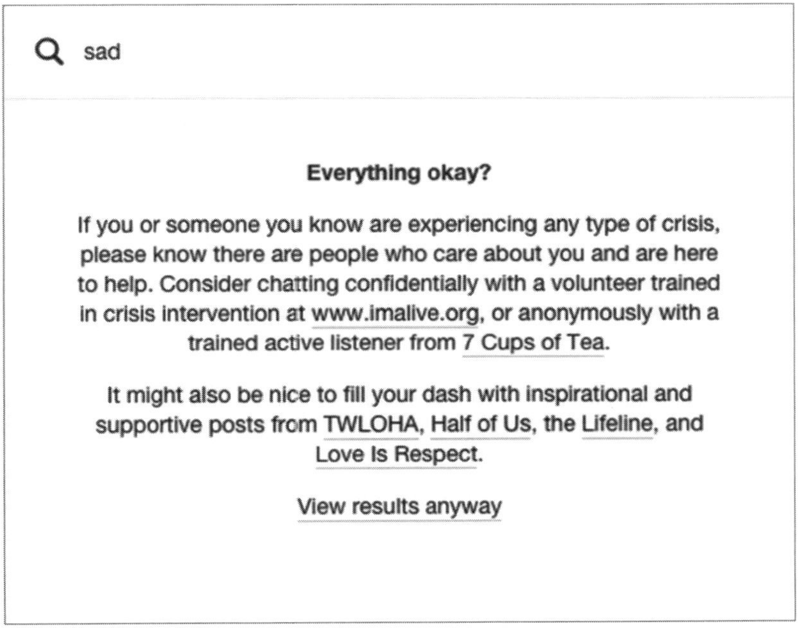

Q sad

Everything okay?

If you or someone you know are experiencing any type of crisis, please know there are people who care about you and are here to help. Consider chatting confidentially with a volunteer trained in crisis intervention at www.imalive.org, or anonymously with a trained active listener from 7 Cups of Tea.

It might also be nice to fill your dash with inspirational and supportive posts from TWLOHA, Half of Us, the Lifeline, and Love Is Respect.

View results anyway

Q 悲しい

大丈夫ですか?

あなたや知り合いの方がつらい状況にあるのであれば、あなたのことを気にかけ、助けたいと思っている人間がここにいることを忘れないでください。www.imalive.org では、危機的な状況に関わるトレーニングを積んだボランティアにこっそり話すことができますし、7 Cup of Tea では訓練を積んだ聞き手に匿名で話せます。

TWLOHA や Half of Us、Lifeline、Love Is Respect を見るのもいいでしょう。投稿をきっかけに何かがつかめたり、心の支えになったりして、すき間が埋まるかもしれません。

結果を表示する

図4-8
Tumblr.com のスクリーンショット。「悲しい」で検索すると検索結果ではなく心配する言葉が表示される。

131

者に見せがちだ。「こんにちは！　お時間を取っていただき、ありがとうございます。誤解しないでいただきたいのは、仮にうまく使えなかったとしても、それはみなさんのせいではありません。悪いのはこちらのデザインです」。私たちは、参加者に不快感を与えないことを必要以上に気にする。室温を調整し、監視されている感覚を与えないようにし、お気に入りのコーヒーを用意して、うまくいっていない人には「大丈夫ですよ」と呼びかける。どれも参加者の気持ちを楽にする立派なことかもしれないが、リラックスした参加者から前向きな意見が得られるのはある意味で当然だ。現実には、ユーザーはいつも完ぺきにセッティングされた環境にいるわけではないし、最新の機器を使っているわけでも、理想的な明るさの部屋にいるわけでも、時間を好きなだけ費やせるわけでもない。

ストレスのレベルを上げる

　では、時間制限を設けてストレスのレベルを少し上げるのはどうだろう。ストレス満点にしろと言っているのではない。テストすべきタスクが5個あるなら、1個は少しストレスのレベルを上げてテストしてもいいと言っているのだ。方法はいろいろある。「4分以内に終わった場合は、我々から慈善団体に5ドルを寄付します」でも「情報を見つけるまでに間違って押してもいいのはクリック3回までです」でもいい。「終わらせるまでの時間を計測させていただきます」と言う方法もある。結果は大きく変わってくるはずだ。現実を映した結果が出て、極端なケースも見つかりやすくなる（それに、ほんの少しストレスがかかっただけでユーザーがウェブサイトから情報を見つけられなかったら、それは改善が必要だということではないか）。

実際の状況に即してユーザビリティ・テストを実施する

　ユーザビリティ・テストの大半は会議室や研究所、ホテルの会議場などで行われる。こうしたコントロールされた環境で、気が散る要素を排除した上でユーザーがプロダクトを使用する様子を観察するのは、モニタリングする側にとっては便利な一方、セッティングが固定化しすぎている問題がある。予想される使い方にもよるが、そうした完ぺきな環境ではなく、現実に近い

環境で、邪魔になりそうなものも残してテストしたほうがいい場合もある。しかしまずは開催前にテスト場所を確認し、テスト中に起こりそうな問題をメモし、写真をできる限り撮ろう。

　どこか場所を借りてユーザーテストを行う場合は、次のようなことを検討してほしい。

- 邪魔の入らないモニタリング用の部屋が用意できるか。機器を動かさずに自分も参加者と同じ部屋にいることはできるか
- 安全上の問題はないか
- 機密保持に関する問題はないか
- 電源の数や電波の状況など、技術面の環境はテストを行える条件を満たしているか。安定しているか
- 照明と雑音のレベルはどれくらいか。テスト参加者の声が実際に聞こえるか。これは別室からモニタリングを行う、あるいはテストの様子を録画する場合、特に重要になる

　もちろん、テストはすべて、プロダクトが使われる実際の環境で実施したほうがいいに決まっているが、そんなことはもちろん不可能だ。それでも、障害をいくつか再現したり、ラボの中に現実に近い環境を整えたりはできる。たとえば空港でテストを行うのが無理でも、ターミナルの雑踏を録音してテスト中に流すことはできる。模型を作り、役者を用意する方法もある。忘れないでほしいのは、重要なのは実際のユーザーに現実的な使い方をしてもらうことで、実際の環境に近づけるのはその手段だという点だ。

｜ 失敗したときのためのデザインを行う

　人が傷つく事故の原因は、多くの場合、デザインそのものというより、デザイナーが特定の使われ方を想定し忘れたことにある。完ぺきなプロダクトは存在しない。バグや乱丁、入れ忘れた要素、不可抗力で発生したシンプルなミスは絶対にある。大切なのは失敗を考慮に入れることだ。少なくとも、

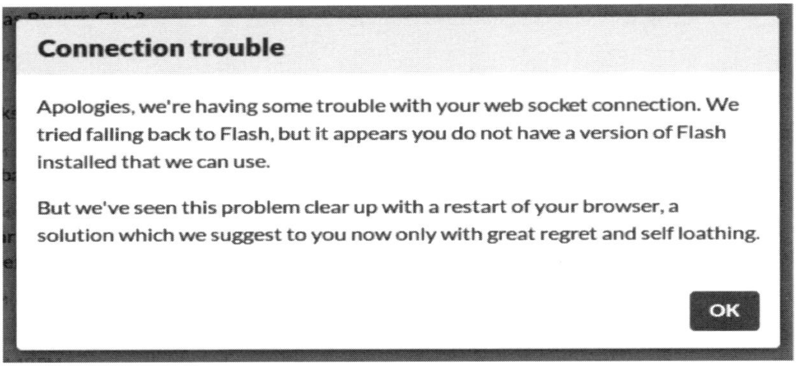

Connection trouble

Apologies, we're having some trouble with your web socket connection. We tried falling back to Flash, but it appears you do not have a version of Flash installed that we can use.

But we've seen this problem clear up with a restart of your browser, a solution which we suggest to you now only with great regret and self loathing.

OK

接続できませんでした

申し訳ありません、ウェブソケットの接続ができませんでした。Flash に戻ったところ、お客さまがお使いの Flash のバージョンと、当社のバージョンとが異なるようです。

ですがこの問題はブラウザを開き直すことで解決していますので、お試しください。お手数をおかけして大変申し訳ありません。

OK

図4-9
Slack のスクリーンショット。この「接続できませんでした」のエラーメッセージは、メッセージの文言の優れたお手本になる。何がいけなかったのか、どうすれば直るのかの情報が示されているし、少し申し訳ない気持ちも伝わっていて、ソフトウェアの向こうに血の通った人間がいるのが感じられる。

プロダクトはそれぞれ、次のような状況への対策がされていなければならない。

- 携帯電話のデータが消失した
- アプリやソフトがクラッシュした
- デバイスが壊れた
- GPS が反応しない
- サービスがダウンした

　ウェブサイトのデザインなら、404エラーのページでは、次に何をすべきかを明示する必要がある。ここも想像力の発揮のしどころだ。プロダクトが空っぽの状態を考えてみよう。使いはじめの段階以外にも、データがすべて

消去されてしまった場合はそういう状況になる。エラーメッセージは必ずわかりやすい言葉で書き、問題を説明するだけでなく、次にすべきことを指示しよう。メッセージのトーンも大切だ。ユーザーがミスを自分のせいだと感じてしまうトーンはよくない。申し訳ない、責任はこちらにある、とユーザーにわかってもらえるメッセージを考えよう。次にすべきことを示したわかりやすいエラーメッセージのお手本として、ここではチャットアプリのSlackを紹介する（図4-9参照）。

||||||||||||||||||||||||||||||||||||||||||||||||||||||||||||||||||||||||||||||||||||||||||||||||||||||||||||||||||||||||||||||||||||||

エラーの状態の重要性

　これから紹介するのは、カナダのオタワ出身のデザイナー、セリーナ・エンゲイが、最近テクノロジーに傷つけられたときの話だ。

　個人的に最近、残酷なデザインに出くわした……。

　2015年3月27日のことだ。なんの変哲もない金曜日が、人生最悪の日に変わった。ランチミーティングの最中に父から電話があった。声が震えていた。何年もがんの闘病中だった私の姉妹が危篤状態になり、医師によると万策尽きたらしい。姉妹はトロントの病院で死に向かっていて、私にはあと何時間、いや、何分が残されているかもわからなかった。

　オタワとトロントの距離は450キロメートル。車で4時間半かかった。

　高速道路を走っているときに、姉妹から連絡があった。テレビ電話機能のあるFaceTimeで、友人と家族にお別れを言っていたのだ。姉妹の最後の言葉を、私はFaceTimeで聞くことができた。それだけで私は胸がいっぱいになったし、テクノロジーが進歩して、ポケットの中の小さなデバイスで二度とない瞬間を体験できたことに感謝した。ところが私は同時に、テクノロジーがいかに残酷かも思い知った。

　電話が急に切れて、エラーメッセージが表示されたのだ……。

　アプリが公開されたときのCMを覚えている。幸せそうな人が、これま

FaceTime

FaceTime に問題が発生しました

××様は FaceTime を利用できません

OK

図4-10　FaceTime のエラーメッセージからは、次に何をすればいいかがわからない。

た幸せそうな友人と電話で話していた。だけど、ストレスと感情が高まっている人間のシナリオは紹介されていなかった。

　思い浮かべてほしい。私たちはトロントから4時間のところにいて、レンタカーで401号線を急いでいる。母は後部座席で泣いていて、隣の犬も不安そうにしている。私は助手席で、役に立たない電話をいじりながら、エラーメッセージの意味をなんとか突き止めようとしている。何が問題かはっきりせず、どうすれば直るのかもさっぱりだ。

　「FaceTime は利用できません」？　それはどういう意味？　接続の問題？設定を変更しなくちゃならないの？　彼女は死んでしまったの？

　その瞬間、私は理解した。これこそがデザインなんだと（図4-10参照）。

　FaceTime のデザイナーは、こうした状況を想定できなかったに違いない。だけど現実には、私たちと FaceTime で働くデザイナーに大きな違いはないのだ。

結論

　私たちデザイナーは「もし〜だったら？」と何度も何度も考えなければならない。もしユーザーがひどい一年を送っていたら。もしユーザーが自分たちのサービスを使って企画しているイベントが悲しいものだったら。自分たちのツールを使って作られたグループが哀悼のためのものだったら。自分たちのウェブサイトで注文された一見どうでもいい商品が、購入者の心に大きく訴えるものだったら。こんな考え方をするのは簡単ではない。デザイナーはみな、プロダクトを使ってユーザーをどう喜ばせようかと考えるのが好きだ。それでも、人間が感じられてうれしい気持ちは、喜びだけではない。親切さや敬意、誠実さ、そして礼儀正しさにも、人は感謝する。

　心の傷は表には出てきにくい。だからよく見過ごす。しかしこれからはそのことを意識し、傷ついた人を目にしたら声を大にして訴えよう。この本で紹介している心の痛みは、無理やり考え出したものでも、ひねくれたものでもない。結末を考えないでデザインすれば、こうした事態は普通に起こる。ユーザーの心を傷つけるのを避け、ユーザーの気持ちを尊重する判断を企業にさせるには、問題への意識を高めるだけでいい。少なくとも、職場で話し合いを始めるきっかけにはなる。ユーザーは必ずしも声をあげるとは限らない。しかしデザイナーには、立ち上がって彼らの代わりに声をあげる力がある。

この章のポイント

1. ユーザー中心のデザイン (UCD) が効果的なのは、調査を通じてユーザーをよく理解し、その上で何かをデザインするやり方が体に染みつくからだ。ユーザーのニーズや行動原理を理解してはじめて、解決策を考えることができる。最初にプロダクトをデザインし、ユーザーのニーズとプロダクトの機能が一致していることを期待するやり方は、ほとんどうまくいかないし、ものすごく非生産的だ。

2. ユーザーを喜ばせ、思い出を呼び覚まし、日取りを確認し、ニーズを先取りする機能を搭載するときは、必ずユーザーのほうで機能を有効にするかを選べるようにしなくてはならない。でないとユーザーにつらいことを思い出させてしまう。

3. 感情の変化とデータベースの状態の変化とを混同してはならない。ボタンに使われている言葉と、ボタンを押したときのユーザーの実際の気持ちが同じとは限らない。行動と結びついたシンボルのパワーを見くびってはいけない。笑顔の顔文字や親指の絵文字、いいね、星、ハートなどには、感情を大いにのせることができる。

4. ユーザーを悲しませないため、「悲しみの保安官」を指名し、破滅のブレインストーミングを開こう。エラーの状態のことを常に考え、普段のユーザーテストの環境をもう少しストレスのかかるものに変更することを検討しよう。

Interview ── **Maya Benari**

これから紹介するのは、18F のデザイナー兼ウェブデベロッパーにして、Code for America の元フェロー、マヤ・ベナーリへのインタビューだ。

1. ひどいデザインは、どんな形で市民に影響しますか？

ひどいデザインは私たち全員を傷つける。デザインがお粗末なせいでやるべきタスクを終わらせられないとしたら、それは問題だ。

想像してほしい。戦争から戻った元兵士が、退役軍人給付金を使って入れる大学を探しているのに、サイトが複雑すぎて自分に合った学校を見つけられなかったらどうなるか。

あるいは、家族が外国で病気にかかったときに、パスポートの更新手続きをなかなか終えられず、必要なときに家族と会えなかったらどうなるか。

貧しさから逃れようとしているアメリカのたくさんの人が、わけのわからない手続きを終えられず、必要な支援を得られなかったらどうなるか。

こうしたことに共通するのは、味わった人の気持ちだ。無力感、不満、絶望。助けてくれるはずのシステムが目の前に立ちはだかる。裏切られたと感じるのも無理はない。

2. あなたとチームは、その問題の解決にどうやって取り組んでいますか？

18F[†33] は、市民からなる政府組織のためのコンサルタント団体だ。政府の中に入ることもある。目的は、使いやすく、費用対効果が高く、再利用しやすいツールとサービスを、各機関がすばやく用意できるようにすること。私たちは政府組織を内側から変革し、優れた公共サービス創出に意欲的な内部チームと連携することで、組織の文化を変える。

各機関の信頼できるパートナーとして、彼らが公共サービスの管理の仕方、提供の仕方を変えられるよう日夜取り組んでいる。

その方法として、私たちは次のようなことを大事にしている。

- 市民のニーズを第一に置く
- デザイン中心で、俊敏で、オープンで、データ主導であることを心がける
- ツールとサービスをすばやく、たくさん用意する

政府組織は何百年という歴史に縛られていて、時代遅れの法律に従わなくてはならない。だから伝統的に、人間のニーズを顧みない、官僚主義的なオンライン体験を作りがちなところがある。人々の価値観は21世紀になって変わった。今はアクセスしやすく、応答が早く、自分を代理し、シンプルかつ効果的なサービスが喜ばれる。シンプルさは、インターフェイスでも、コンテンツでもデザインの鍵になる。シンプルな言葉を使い、優れた体験を提供すれば、ユーザーもコンテンツやサービスを1回読んだだけで理解し、使えるようになる。

国民はデジタルサービスに影響を与えるべきだし、もっと言えば、政策にも影響を与えるべきだ。たとえば最近で言うと、オバマ大統領は大学の格付けシ

ステムの導入を提案したが、研究によれば国民が必要としているのはただのランキングではなく、事実と数字だった。そこで18FとUS Digital Service（USDS）は、教育省と協力してウェブサイトを作り、そこで卒業生の10年後の年収はどのくらいか、奨学金の返済率はどのくらいかといったデータを大学ごとに示した。ユーザー中心の考え方を貫いたことで、政策が当初目指していたものとは違うかもしれないが、既存のシステムにメスを入れることができた。

3. 政府機関向けのデザインの流儀を、どうやって培ったのですか？

18Fで働く前、私はCode for Americaで1年間のフェローシップを体験した。サンアントニオ市と仕事をするなかで、テクノロジーの力を活用してコミュニティの問題を解決する方法を学んだ。その前には、スタートアップやデザインスタジオ、非営利組織、さらにはエンターテインメント業界や音楽業界で、デザインやウェブ開発の仕事をしていた。その中で、公共デザインが唯一やりがいを感じられたものだった。

4. 市民と政府とのやりとりを改善するために、デザインにできることはなんだと思いますか？

優れた市民デザインの一番の核はアクセシビリティだ。政府のサービスや情報は、状況やデバイス、場所に関係なく、誰もがアクセスできるものでなくてはならない。優れたデザインはそれを可能にする。市民は適切な助けをすばやく、ストレスなく受けられるようになる。

ジェニファー・パールカが、2015年のCode for Americaサミットの講演で言ったことを、今でも覚えている。「今ここで問題になっている障壁は、技術的なものではありません。ここにいるのは、政策と法律、規制を理解したスタッフから成る夢のチーム、アメリカ有数の優れたチームです。問題は組織構造にあります。そのせいでみなさんは、自分たちのサービスを使うユーザーが何を体験しているかを理解できない（強調は著者）」

デザインは、明確でオープンなコミュニケーションを実現し、人と政府との

やりとりを改善する。市民の体験を理解すれば、ニーズを満たす優れたシステムをデザイン、構築できる。

5. 政府組織の改善のために、デザイナーにできることはなんでしょうか？

　声をあげ、なかなか声を届けられない人たちの気持ちを代弁することだ。デザイナーは、出自や人種、場所、ジェンダーアイデンティティ、収入レベル、年齢、体験のレベルなどに関わらない、すべての人を含んだデザインのプロセスを行わなくてはならない。ユーザーリサーチのための最初のインタビューから、プロトタイプのテストまで、政府サービスはアメリカ国民の、国民による、国民のためのものでなくてはならない。

　ひとつの方法が、職場の内外にパートナーを作ることだ。ぴかぴかの鎧をまとった騎士様がやってきて助けてくれるのは、あくまでおとぎ話の話。難しい問題は、現場の私たちが協力し合って解決しなくてはならない。

　直接的な形としては、政府や18F の Digital Coalition、USDS、各機関のデジタルサービスチーム、大統領発案のイノベーションフェローシップの求人や応募に申し込む方法がある。期間の長いものから短いものまで、貢献の機会はいろいろある。民間のデザイナーで、私たちの仕事に協力したいという方は、18F の GitHub [34] に参加すれば、私たちが取り組んでいる仕事のコードを批評したり、プロジェクトを管理したり、ソフトウェア構築に加わったりできる。私たちは、仕事を着手初日からオープンにするよう心がけている。

6. デザイナー以外の人が、政府のデザインの改善のためにできることはなんでしょうか？

　ただ話題にしてくれるだけで構わない。手を貸したいという気持ちを持っていただけるのであれば、方法はいくつかある。

- フィードバックを共有する
- 調査を行う

- ユーザーリサーチに参加する
- @18F 宛にツイートする
- 政府サービスの体験を書き起こす
- GitHub で問題提起を行う

　誰にでも、その人なりの貢献の仕方がある。スキルや才能、ものの見方が人それぞれだというところが、この国〔訳註：アメリカ〕のすばらしい特徴だし、今一番難しい問題を解決するのに必要な資質だ。一緒にがんばろう。

7. 政府向けデザインを行うのに必要なものはなんでしょうか？

　政府向けのデザインが、そのほかのデザインと大きく違うわけではない。成功に必要なのは、共感、粘り強さ、そして柔軟性。もちろん、政府系デザインのほうが制約は多い。法律絡みで、民間部門では「おまけ」とみなされる要素が、公共部門では必須になる。たとえばアクセシビリティなら、キーボードでアクセスできるよう、私たちは色のコントラストを考えてページを組まなくてはならない。共感や粘り強さ、柔軟性については、いくつか考えなくてはならない大切なポイントがある。
　政府向けデザインを行うときは、次のような共感が必要だ。

- 働く公務員への共感。公務員の多くは、変化を起こそうとして抵抗に遭っている。市民に尽くしたいという想いを持ちながら、サービスの改善のために何か新しいものを導入しようとして、何年も門前払いを食ったり、反発に遭ったりする日々を送っている。彼らは全力を尽くしていて、そして公共サービスの改善に必要な知識の宝庫でもある
- 組織構造への共感。官僚構造は、アメリカの国民を守るためのものだ。社会保障番号を政府が悪用できないのは、確かな構造があるからだ。とはいえ官僚構造は、裏にある意図を読み解かなければ、効果的なテクノロジーの導入の妨げになりかねない。官僚機構の目的を理解し、その目的に沿えば、適切なタイミングで新しいアプローチを提案できる

- 利用する市民への共感。公共サービスは、どんな人が受けに来るかわからない。ストレスを感じている人に落ち着いている人、高速インターネットを使っている人、田舎のセルラー接続を使っている人などさまざまだ。英語を流ちょうに話す人もいれば、英語が第二、第三外国語の人もいる。多種多様な人たちに対応したサービスを作ることが大切だ

また、政府向けのデザインでは粘り強さも必要になる。政府では、民間のようなスピーディーな展開は期待できないから、がまん強く、地に足をつけて物事を進める必要がある。政府で働くのは大変だが、同時にやりがいも非常に大きい。

柔軟性も必要だ。新しいアプローチを試し、斬新なパートナーシップを組み、簡易版のプロトタイプを作って説得の材料にする意志と言い換えてもいいだろう。

8. 人を傷つけるデザインを避けるにはどうすればいいですか？

それには、次のような方法がある。

- 人にはみな偏見があり、偏見の対象をイヤがる傾向があるということを意識する
- ウェブとアクセシビリティの基準を常に満たす
- 幅広い年齢、人種、土地、関心、能力、性別嗜好の人にインタビューを行う

9. あなたにとって、テクノロジーの目的はなんですか？

テクノロジーはツールだ。巨大なレバーのようなもので、人や場所、もののスピードを上げたり、つなげたりする力がある。テクノロジーは何かを可能にするもので、遊び場を作り出すこともできる。一方でテクノロジーには、偏見を助長するという負の側面もある。ツールには必ず、作った人の人間性が表れる。だからツールはどれも、なんらかの思い込みを持っていると言える。大切

なのは、常にこう自問することだ。その思い込みはなんなのか。このツールは
どんな結果をもたらすのか。

　たとえば私にも、今や誰もがものすごい通信速度のスマートフォンを持って
いるという思い込みがある。でなければ、今私のポケットに入っているものの
説明がつかないからね。しかし実際にはお金の問題で、地下鉄に乗ると電波が
途切れてしまうような、データ容量も限られた格安携帯を使っている人だって
いるかもしれない。

　テクノロジーだけに頼ってはいけない。サービスが機能しているかを判断す
るときは、数値だけを見るのではなく、使っている人を実際に観察しなくては
ならない。何カ月という時間や、何百万ドルという税金を新しいデジタルツー
ルの開発につぎ込まずとも、ダイアグラムに手を加えるだけでサービスが改善
することだってある。

10. 世界をもっと暮らしやすい場所にするために、デザインにできることはな んでしょうか？

　デザインは問題を解決するためにある。「デザイン」という言葉はラテン語の
「デ・シグナーレ (de signare)」から来ている。「作り出す」という意味だ。デザイ
ナーには、アイデアを具体的な形状や行動に昇華させる力がある。新しいアイ
デアで古い問題を解決することで、私たちはこの世界を作り変えていく。

　デザイナーには、サンドイッチのレビューアプリを作ることも、人々の生活の
改善に取り組むこともできる。選ぶのは自分だ。私たちの意識がサービスや生
きる目的、人間性の問題の解決にシフトしていけば、デザインは世界をもっと
いい場所に変えられる。デザイナーは翻訳し、コミュニケーションを取り、シ
ンプルにし、人々の目標達成を助けることで、世界を救っている。

　デザイナーとして社会で積極的な役割を果たすには、次のような疑問を持っ
てほしい。

- 使う市民にとって、そのツールやサービスはどんな意味があるか
- 世界が直面している問題に対して、自分ができることは何か

- 世界をもっといい場所にするために、これまで何をしてきたか

仮にこの国がよくない方向へ進んでいると感じるのであれば、それは我々デザイナーの責任だ。

第5章

デザインは疎外感を与える

　技術革新が続き、テクノロジーが強力になる一方で、テクノロジーは複雑かつ高価になっている。残念ながら、その結果たくさんの人がテクノロジーから締め出されている。前にも言ったとおり、デザインは人間とテクノロジーの橋渡しをするためのもので、橋がどれだけ渡りやすいかは、私たちデザイナーにかかっている。そのために、私たちは次の3つのルールを守るようにしている。

- 誰にでもアクセスできる
- 橋を渡る誰もが歓迎されている、安心だと感じる
- アクセスが公正である

　この3つのルールに従わないデザインは、ここまでの各章で解説してきたのとはまた別の形で人を傷つける。橋を渡れず、除外された人たちは、社会的にも、政治的にも、経済的にも、創造性の面でも置いていかれたと感じる。そして、テクノロジーの恩恵を受けられなくなる。

　この章では、ひどいデザインが人に疎外感を与えるパターンを、3つの角度から見ていこうと思う。それは使いやすさ、多様性または包括性、そして公正さだ。上司を説得する材料に使えるよう、分野のベストプラクティスや具体的な議論も紹介する。そして、公正ではない状況をデザインが生んでいる例を取り上げ、解決策を学んでいく。この本で紹介するほかの実例と同じで、デザインのミスを厳しく指摘するのは、教訓にするためであって、採用の決断を下した組織や企業、デザイナーを批判するのが目的ではない。

直観的なデザインでテクノロジーにアクセスする

　これから紹介するのは、ジョナサンが個人的に体験した家族に関する話だ。

　あの瞬間のことを、僕は一生忘れないだろう。その瞬間、僕はデザインが人に及ぼす力を、そしてたくさんの人がテクノロジーにアクセスできる優れたデザインを待ち望んでいることを、心から実感した。その週末、僕はコンピュータのことでちょっと助けてほしいと言われ、義理の父の元を訪れていた。義父が使っていたのは、だいぶ古い Windows XP が OS のデスクトップ PC だった。僕が XP との旧交を温めるなか、義父はペンとメモを構えて隣に座っていた。義父が困っているのは、ほんの2、3のシンプルな問題だった。YouTube の動画を字幕をオンにして観たい、ラジオを聴きたい、そして一番好きな科学と歴史を学びたい。そこで何分かかけて説明した。インターネット・ブラウザがどこにあるか。URL を入力するフィールド。検索の仕方。そして義父にマウスとキーボードを譲った。ところがメモを見て愕然とした。僕がごくシンプルだと思っていたタスクが、たくさんの項目にステップ分けされて書かれていたからだ。電源の入れ方やログインの仕方、マウスの動かし方まで書き込んであった。なのに横から見ていると義父は苦戦している。何度も謝っている。謝る必要なんてないのに。義父はイランにある漁業の町で生まれ育った男で、コンピュータに触れるようになったのはごく最近だった。もう少しコンピュータが得意な義母がやって来て、母国語の現代ペルシア語で補足してくれた。

　自宅へ帰った僕は、もっとユーザーフレンドリーなインターフェイスの Microsoft Metro を採用した新型デスクトップ PC を2人にプレゼントすることにした。もっと速くて、ユーザーに優しく、モダンな新型なら、扱いも簡単だと思ったのだ。商品が届くと、2人もとても喜んでくれた。みんなでまわりに集まって電源を入れた。ところが興奮はあっという間にしぼんだ。設定がうまくいかなかったのだ。僕は「カード」の動かし方や、アプリのピンどめ〔訳註：タスクバーへの登録〕の仕方を実演して見せた。ところが何週間か経っ

てまた行ってみると、PC は部屋の隅に放置されていて、使っている気配が
ない。2人が言うには難しすぎるということだった。失敗した、と僕は思った。
新型のテクノロジーにはたくさん利点があるのに、その利点にアクセスでき
るよう2人を導けなかった。代わりに2人はかつてない疎外感を味わってい
た。義理の父は丁寧な口調で、気にしないでくれ、悪いのは自分なんだから
と言った。

　その1週間くらいあと、2人の携帯電話の契約が切れたので、今度は
iPhone にしようということになったのだけど、その日はすごく忙しくて、使
い方をいろいろと解説する時間がなかった。だから iCloud のアカウントの
設定だけして、2人の家から飛び出さないといけなかった。その翌週、2人の
ところへ行って腰を抜かしそうになった。義父が YouTube を観ている。し
かも字幕つきで。そのうえペルシア語のラジオアプリも見つけたといって見
せてくれた。2人はペルシア語のアプリをいくつもダウンロードしていた。
ほとんど何も教えられなかったのに、2人はテクノロジーのある世界にいて、
自力でそこを探索していた。さらにそのすぐあと、97歳になる僕の祖母が街
へやって来た。夕食を終えて、僕はまた驚かされた。祖母が iPad を持って
きていたのだ。そして、iPad でゲームをしたり、本を読んだり、家族の写真
を見たり、自分の国の言葉で動画を観たりするのがすごく楽しいと言った。

　そのことに、僕は胸を打たれた。僕の祖母は1920年代後半という、まだ
カラーテレビもレーダーもない、それどころかセロテープもない時代に生ま
れた女性だ。その祖母が iPad を使ってるなんて。すべては使い方を覚えや
すいデザインとインターフェイスのおかげだった。iOS を採用したタッチス
クリーンのインターフェイスなら、直感の鋭いユーザーはテクノロジーや膨
大な情報、数えきれないほどのツールにアクセスし、世界中の国とつながる
ことができる。これまでアクセスできなかった社会の一員になれる。でもそ
の瞬間までは、ほかの人たちがテクノロジーの恩恵を受けているのを横目に、
彼らはテクノロジーから締め出され、置き去りにされているんだ。

アクセシビリティ

インクルーシブデザイン、すべての人のためのデザイン、デジタル・インクルージョン、ユニバーサル・ユーザビリティ。これらはすべて、とても大きな問題を解決するための取り組みを指す言葉だ。その問題とは、能力や年齢、経済状況、教育、住んでいる場所、言語等々に関わらず、すべての人にとってテクノロジーを手に入りやすい、使いやすいものにすること。アクセシビリティは、特に体に障害のある人々を対象にする。耳の聞こえない人、認知機能が衰えている人、神経に障害のある人、体の一部が動かない人、言葉を発せない人、目の見えない人などだ。

——*W3C のウェブ・アクセシビリティ・イニシアティブ*[35]

　アクセシビリティのベストプラクティスはもう何年も前に確立されているというのに、ウェブコンテンツ・アクセシビリティ・ガイドライン (Web Content Accessibility Guidelines、WCAG) の最低限の基準を満たしているウェブサイトすら、いまだにほとんど見当たらない。ガイドラインはウェブの標準の確立に取り組んでいる団体、ワールドワイドウェブ・コンソーシアム (World Wide Web Consortium、W3C) が作ったもので、準拠のレベルは A（最低）から AAA（最高）までの3段階がある。

　多くの企業は、障害のある人をあと回しにしている。顧客ベースのごく一部に過ぎないと勘違いしているからだ。だから彼らはよく除外され、テクノロジーの恩恵を受けられない。スタートアップのような小さい会社を筆頭に、企業はすべてのユーザーを受け入れるために仕事を増やす余裕はないと思っている。こうした迷信がはびこっているせいで、企業は障害のある人を締め出すだけでなく、彼らのニーズを満たすことで得られるたくさんの利益を逃している。

アクセスしやすいデザインのアピールポイント

　アクセシビリティを高めるコツを解説する前に、まずはなぜアクセスしや

すいサービスを作らなくてはならないのか、利点はなんなのかを見ていこう。

たくさんの人が影響を受ける

アクセシビリティの高いデザインのメリットを上層部に訴えるために、まずは障害のある方がどれくらいいるのかを見てみよう。合衆国国勢調査局によると、「2010年には約5670万人、割合にして人口の19% が広い意味での障害を持ち、うち半分以上が深刻な障害だと明かした」という（これはアメリカの統計。また、1人の方に複数の障害があるケースも考えられる。さらに数字が自己申告であることを考えれば、実際よりも少ない可能性がある）[*1]。

もちろん、こうした数字は資料によって大きく異なってくるが、それでも私たちが周囲を見まわして思い浮かべるよりも、はるかに多くの方に障害があるということはわかってもらえるはずだ。理由は単純で、障害をひけらかす人はいないし、それに劣悪なサービスや状況、職場環境のせいで、彼らは孤立していることが多い。

人間とデザインのインタラクションに影響する障害の割合について、もう少し細かく見ていこう。

視覚障害：Vision Health Initiative[†36] によれば、アメリカでは12歳以上の人口の約4% が、視覚に問題がある（視力0.4以下）ことを自己申告している。

色盲：そのほかに、約4.25%（男性の8%、女性の0.5%）が、ひとつ以上の色に対する色盲、または遺伝子変異があるという[†37]。

聴覚障害：アメリカでは12歳以上の13% が両耳の聴力を失っている[†38]。

識字障害：アメリカの成人の約12% が文字を読めず、ある例では「基本以下」の習熟レベルと判断されている[†39]。

＊1　United States Census Bureau. "Nearly 1 in 5 People Have a Disability in the U.S., Census Bureau Reports." Census.gov, July 25, 2012. [†††28]

そのほかの肉体上、認知上の障害：こうした数字に加えて、私たちはそのほかの肉体面、神経面、認知面での制約を持つすべてのユーザーのことを考えなくてはならない。たとえば物を持ちあげたりつかんだりできない人は1990万人、日常生活（料理、電話の使用など）が困難な成人は1550万人、アルツハイマー、老化、認知症の人は240万人いる[40]。

ビジネス面でのメリットがある

こうした数字を見ても、アクセシビリティのガイドラインに従わないとたくさんの潜在顧客を失うことは明らかだ。サービスにアクセスできる人が増えれば、会社の市場は広がる。

盲の人たちから話を聞いてわかったのは、彼らは自分に合ったサイトやサービスを見つけると、忠実にそれを使い続けるということだ。アクセシビリティの高いウェブサイトは、お客の維持率も最高なのだ。

ビジネス面での利点はそれだけにとどまらない。読みあげ用のスクリーンリーダーに対応したコンテンツを作ると、検索エンジンの「クローラー」もコンテンツを読めるようになる。クローラーはウェブサイト上を動きまわって検索に使うデータを取得するソフトウェアだ。わかりやすく言うと、アクセシビリティの向上は検索エンジン最適化 (search engine optimize、SEO) につながる。そして SEO が優れていれば、広告 (AdWords) にたくさんお金をかけ、特定のキーワードで検索されたときに上位に表示されるようにする必要もない。

全員にメリットがある

障害のある人にとっての優れたデザインは、全員にメリットのあるものになりうる。いい例が歩道の滑り止め加工だろう。滑り止めは車椅子の人のためにデザインされたものだが、同時にベビーカーを押す人にとっても便利だ。階段を上るのがつらい年配の人や、歩道で自転車を押して歩く人、ショッピングカートを引く人にもありがたい。冬に子ども用のそりを引く人にとってもそうだ（そう、雪の多い街では加工が至るところに施されている）。少数の人のために作られた機能が、導入してみると誰にとってもありがたかった例は、ほ

かにいくつもある。

　ウェブでも、アクセシビリティを考えた機能は、さまざまな場面で一般の役に立つ。たとえば回線速度が遅くて困っている人、骨折などで一時的に操作が難しくなっている人、あるいは加齢で能力が変わってきている人などが考えられるだろう。

法律で求められている

　ごく当たり前の話だが、アクセスしやすいウェブサイト作りは、多くの国で法律で定められた必須条件になっている。

正しいことである

　アクセシビリティをめぐる議論で思い出すのは「グリーン」運動だ。リサイクルはビジネス面で大きなメリットがあると同時に、単純に環境を傷つけない点でも意味がある。

　私たちはあの手この手で、アクセシビリティに投資するようステークホルダーを説得する。しかし実際には、意見をアピールする必要などないのかもしれない。仮にビジネス面で理に適ったことではなくても、単純に人として正しいことなのだから。

｜ アクセスしやすいサービス作り

　アクセスしやすいウェブサイトを作るのは簡単だ。作り方はコンテンツの種類（文字、画像、アニメーション、動画など）と大きさ、サイトの複雑さによって変わってくる。サイトが外部のサービスとウィジェットに大きく依存している場合は、全体をアクセスしやすいものにするのは難しいかもしれない。アクセシビリティを高める機能の多くは、最初からデザインや開発プランに組みこんでおくと実装しやすく、しかもデベロッパーがアクセシビリティの基準を満たす助けになる素材は、すでにたくさん用意されている。そのためここでは、デザイナーに求められることを考えていこう。

色に頼り過ぎない

　最初に簡単にできるのは、色に注意することだ。何かをハイライトしたいときに、色だけに頼るのはよくない。色は示している情報を補完するものとして使おう。たとえばサイトメニューでは、項目ごとに背景色を変えてハイライトするやり方が一般的になっている。この場合、メニューの文字を太字にする、斜体にする、下線を入れるなどのシンプルな方法で、簡単にその項目がアクティブになっている、またはリストのほかの項目とは違う状態になっていることを示せる。あるいは、悪い経済データを示すときに使われる赤線。数字がゼロ以下であることを赤線だけで示されると、赤緑色盲の人には困ったことになる。ダッシュボード上のグラフも似た問題のあることが多い。そんなときは、色だけでなく線の種類を変えれば問題は解決する。折れ線グラフなら、色を分けるだけでなく、太さを変えたり、点線や破線を使って線の種類を変えたりすればいい（図5-1参照）。

　アクセシビリティの高い機能のいい例として、ここでは人気の色合わせゲーム TwoDots を紹介しよう。アプリのデザイナーは、色の付いた玉の中に設定で記号を入れられるようにするデザインを採用した[41]。見た目がかわいいだけでなく（図5-2参照）、障害のない人にもありがたいデザインだ。

色が違っても、線の種類が同じだとアクセスしやすいとは言えない

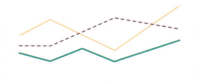

線の太さと種類、色を変えた、アクセシブルなデザイン

図5-1　グラフのアクセシビリティの比較。左側は色だけで差別化したよくある折れ線グラフ、右は破線を使い、線の太さを変えていることで、色盲の人にも非常に読みやすいグラフになっている。

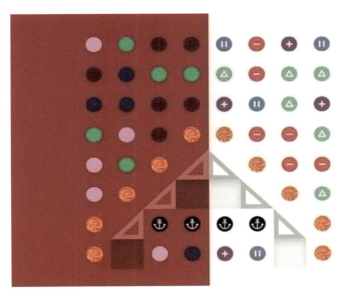

図5-2
TwoDots の画面。右がアクセシビリティ・モード。かわいいだけでなく、誰にでもわかりやすいデザインになっている。

コントラストのはっきりした文字色を選ぶ

次に「背景と前面」の色のコントラストを考えよう。文字に色を付けるときは、必ず背景とのコントラスト比率が一定以上のものを選ばなくてはならない。比率は WCAG のどのレベルに準拠したいかによって変わってくる[42]が、計算にはツールを使うことをお勧めする。とてもシンプルで便利なのが、アクセシビリティの伝道師とも言えるカナダのウェブデベロッパー、ジョナサン・スヌークが作った Color Contrast Check だ[43]。色の割合を指定されたら、創造性が蓋をされるというデザイナーの声もよく耳にする。コントラストをはっきりさせて基準を満たそうとすると、自分の可能性をフルに発揮できないという主張だ。確かに可能性は狭まるが、それでも選べる色の組み合わせは無数にある。それに、文字サイズは好きなだけ変えられる。文字の大きさを変えれば、色のコントラストが多少甘くとも基準を満たすデザインは作れる。私たちの大のお気に入りのサイトが Colorsafe だ[44]。ここでは、アクセシビリティの高いカラーパレットがたくさん用意されている（図5-3参

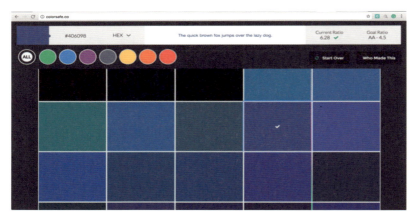

図5-3　Colorsafe.co では、背景色に応じたアクセスしやすい色が、カラーパレットの形で用意されている。

照）。

　色選択はアクセシビリティ・ガイドラインのほんの一部。次に何を考えればいいかは、コンテンツのタイプによって変わってくる。

代替テキストを使う

　サイトに画像を置くときは、必ず代替テキストを付けて画像を文字で説明するようにしよう。複雑な画像の場合は、キャプションや近くのパラグラフで説明し、画像のそばで詳しい解説を入れよう。代替テキストは視覚障害のあるユーザーにとっては重要だし、スクリーンリーダーがサイトにアクセスできるかも、代替テキストの有無で変わってくる。盲の人は、画像を「見る」のではなく説明を「聞く」。単なるデコレーション画像にはテキストは必要ないが、ほとんどの画像に代替テキストは必要で、そしてテキストは詳しく書かなければならない。たとえば、ネットショッピングのサイトにTシャツの画像を3枚置くとしたら、そのすべてに画像の内容を正確に表した別々のテキストを付ける必要がある。「男性が着ている緑のTシャツ」、「棚に折りたたんでしまってある緑のTシャツ」、「背中のほうから見た緑のTシャツ」といった具合に。商品名を書き起こすだけでは、ユーザーが画像の重要な情報を受け取れない。この例なら、普通の人には最初の画像がTシャツを着て

いる男性の写真なのは明らかだが、テキストに「緑のTシャツ」としか書かれていなければ、目の見えない人にはそのことがわからない。

画像に文字を埋めこまない

　もうひとつ、画像の中に直接テキストを埋めこむのもよくない。ボタンに文字を埋めこむ方式は一般的ではなくなりつつあるが、バナー（ヒーローイメージ）ではまだよく見かける。プラットフォームの制約などで、画像にテキストを重ねる方式がどうしても採れないときは、必ずコンテンツの更新に合わせて代替テキストも更新するようにしよう。これは大型のバナーでは特に重要だ。バナーは特別セールの知らせに使うことも多いし、情報を受け取り損ねる人が出るのは企業としても避けたいはずだ。

文章にハイパーリンクを入れる

　リンクは常にハイパーリンクするようにしよう。「こちらをクリック」や「詳しくはこちら」、「続ける」といった形でリンクを貼り付けるのはよくない。「時刻表はこちらをクリック」と書いてリンクを示すのではなく「時刻表をご確認ください」という文にリンクを入れる。ハイパーリンクはそれ自体がわかりやすいものでなければならない。

文字コンテンツはシンプルに

　文字の量を減らし、要らない副詞を削り、文を短くしよう。先ほども言った通り、アメリカ人の読解力は驚くほど低い。そのうえ英語が母語ではない人がサイトを見ることも多い。文字を増やせばサイトが高尚に見えるかもしれないが、理解はしにくくなる。コンテンツを理解するのに必要な学年のレベルを知りたいなら、Hemingway Editor[45]というツールがとても便利だ。できる限りインクルーシブなコンテンツにしたいなら、目標は小学5年生以下のレベルにしたい。Plain Language Action and Information Network (PLAIN)[46]も非常に有用だ。「政府組織は簡単な言葉でコミュニケーションを取ろう」という活動を推進している団体だが、サイトで紹介されている文章作りのヒントやガイドラインは誰にとっても役に立つ。

自動画像スライダー（カルーセル）は使わない

　カルーセルをウェブサイトで使ってはいけない。まず、読解力の低いユーザーには、次の画像に切り替わるまでに情報を読み取れない。次に、スクリーンリーダーを使っているユーザーが、サイト内を移動するのが難しくなる。有名なリサーチャーのヤコブ・ニールセンはこう言っている。「自動切り替え式のカルーセルやアコーディオンはユーザーを苛立たせ、視認性を下げる」*2。すでにサイトが画像スライダーを採用している場合は、少なくともユーザーのほうでポーズできるようにしよう。また、操作用のシンボルは大きなものにしたい。スライドの下にある小さな丸ポチだけでは、コントロールしやすいとは言えない。さまざまな調査で、カルーセルは想定以下のパフォーマンスしか出せない†47だけでなく、ユーザーとのインタラクションもほとんど生まれないことがわかっている。スライダーは広告に似て見えるので、ユーザーに無視されがちなのだ。会社のこと、ユーザーのことを考えるなら、スライダーは静的なコンテンツに置き換えたほうがいい。

アクセスしやすいデザインの入力フォーム

　入力フォームはウェブの必須パーツだ。ログインやアカウント作成、コミュニケーション、購入の完了などは、すべてフォームを使って行われる。デザイナーの中には、フォームの新しいデザインをいつも考えている人がいる。もちろん、グラフィック・デザインではオリジナリティが大切だが、フォームは例外だ。フォームはスタンダードなもののほうがうまくいく。これまで挙げてきたポイントと同じで、整理された使いやすいフォームは、誰にとってもメリットがある。アクセスしやすいフォームを作るには、次のようなことを考えてほしい。

- フィールドに入力しているあいだも項目名（ラベル）は必ず見えるようにする。カーソルを置いても見えなくならないタイプでない限り、フィールド内にラベルを入れてはいけない（図5-4参照）
- フィールド内に不必要なグレーのプレースホルダーを置かない（置き換え用としても、フォーマットのヒントとしても）。このやり方だと、スクリーンリーダーが

図5-4　フィールド内にラベルを入れつつ、選択中も見えるようにするやり方の一例。[†10]

読みあげたり読みあげなかったりして、非常にミスが起こりやすくなる[*3]

- キーボードと Tab キーだけですべて入力できるようにする
- エラーメッセージはページのトップにすべてグループ分けして表示し、さらにエラーが発生したフォームコントロールの横でもう一度表示するようにする。必ず文字でエラーの内容を説明すること。フィールドを赤くハイライトするだけで終わらせない

ほかにもアクセシビリティの指針はたくさんあるが、ここでは出発点にしやすいものを4個取り上げた。ほかには W3C のアクセシビリティ・ガイドライン[†48]がすべてのデザイナーにとって必読だろう。読みやすいし、読んでよかったと思える内容になっている。

ウェブ閲覧以外のアクセシビリティを考える

障害が影響を与えるのは、ウェブを閲覧する行為だけではない。あらゆる業界のデザイナーが、アクセシビリティについて学ぶ必要がある。製品デザインで、左利きの人のことを考えなかったらどうなるか。左利きの人は人口の1割に達するというのに、デザイナーはたいてい彼らのことを除外する。

＊2　Nielsen, Jakob. "Auto-Forwarding Carousels and Accordions Annoy Users and Reduce Visibility." Nielsen Norman Group, January 19, 2013. [†††29]

＊3　Sherwin, Katie. "Placeholders in Form Fields Are Harmful." Nielsen Norman Group, May 11, 2014. [†††30]

ピーラーに定規、はさみ、ノート、缶切り、栓抜き、さらにはナイフも、どれも左利きの人間には使いにくい。看板のデザインも難点のあるものが多い。

　たとえば標識は読みにくく、色だけで差をつけようとしているものがあまりに多い。想像してみてほしい。色で路線を区別している地下鉄の路線図が、色盲の人にどれだけわかりづらいか。色だけを頼りにした信号がどんな事態を招くか。私たちの友人である色盲の男性は先日、信号の色が白と黄色、赤に見える自分にとって「青になる」は比喩でしかないと言っていた。街によっては、色ごとに信号の形を変えているところもある (図5-5参照)。カナダ登録グラフィックデザイナー協会 (Canadian Association of Registered Graphic Designers、RGD) は、先ごろ標識と表示のベストプラクティスをまとめた無料ハンドブックを公開した[†49]。とても参考になるので、確認してみてほしい。

インターネットへのアクセスは人権だという考えを持つ

　今の私たちは、仕事、教育、政府サービス、娯楽、買いもの、健康などなど生活のあらゆる面をテクノロジーに支えられている。障害のある人を見捨てない社会を実現するためにも、私たちはアクセシビリティの高いインター

図5-5
カナダのハリファックスにある信号機。色盲の人のことを考え、色ごとに信号の形も変えている。[††11]

ネットをデザインしなければならない。脊髄損傷で体が麻痺した俳優のクリストファー・リーヴは、以前こんなことを言っていた[50]。

> そう。(インターネットは)不可欠なツールだ。障害のある人の多くにとって、まさしく命綱と言える。私は Dragon Dictation という音声入力アプリを使っている。リハビリの最中に使い方を身につけ、今ではそれを通じて友人や見知らぬ人とのコミュニケーションを楽しんでいる。障害のある人の多くがひとりぼっちで長い時間を過ごしている。音声動作式のコンピュータは、孤独感を払拭するコミュニケーション手段だ。

国連[51]は、インターネットへのアクセスは人権だと宣言している。インターネット (Internet) は、今や頭が大文字の固有名詞であり、パブリックドメインだ。インターネットの構築は、街の都市計画と同じくらい大切なものになっている。体に障害のある人が暮らしにくい街を作らない (少なくとも作ってはいけない) のと同じで、一部の人しか入れないウェブも作ってはいけない。建築の世界では、一部の人のアクセスが制限される建物を「有害な建築(hostile architecture)」と言う。私たちもみんなで、有害なウェブを作らないようにしよう。

｜ 組織に変化を起こす

　組織内に仲間を作るには、アクセシビリティに関するデモンストレーションを定期的に実施するといい。たとえば、盲の人を招いてプロダクトを実際に使ってもらう。その場合は適切な謝礼を用意し、さらに1カ月か2カ月後にもう一度来てもらって、プロダクトがどれだけ進化したかを試してもらう。誰かがサイト内をうまく移動できないところを見るのは気分のいいものではないが、正しい意識や共感を生むには痛みも必要だ。

　スクリーンリーダーの使い方を教える方法もある。PCでも携帯電話でも、1時間でスクリーンリーダーを使えるようになってもらおう。やってみるとなかなか難しい (そして楽しい) のがわかるはずだ。このアクティビティはペア

で行おう。

　デザイナーには変化を起こす力と義務がある。製品やサービスをアクセスしやすいものにすれば、組織の利益になるだけでなく、テクノロジーの恩恵を受けられない人もいなくなる。ウェブのアクセシビリティは、機会の平等のために不可欠だ。インクルーシブでアクセシブルなサイトやツール、アプリ、OS、そしてソフトウェアは、すべての人に社会と関わり、自分の力で生き、ほとんどの人が当たり前だと思っているテクノロジーの恩恵を受ける力を与える。逆に包括的でなく、アクセスしにくいプロダクトは、さまざまな人の不公平感や疎外感を強め、その人を傷つける。

ダイバーシティ、インクルーシブデザイン、すべての人のためのデザイン

　アクセシビリティが障害のある人に焦点を当てた考え方なのに対し、インクルーシブデザイン（ユニバーサルデザイン）では、すべての人がテクノロジーを手に入れ、使えるようになることを目指して幅広い問題に取り組む。能力や年齢、経済状況、学歴、居住地、性別、言葉などはどれも密接に絡み合っているので、まとめて考える必要がある。

　「すべての人のためのデザイン」が指す意味は、会社によって大きく変わる。大切なのは、自分にとっての「すべての人」が誰を指すかをじっくり考えることだ。たとえばブログのプラットフォームにとって「WiFiでアクセスできない人」は重要な対象ではないかもしれない。一方でゲーム会社にとっては、具体的なニーズを持った非常に重要なユーザー層になる。同じように「回線速度が遅い人たち」は、金融ソフトウェアの開発会社にとってはあまり重要ではない。金融ソフトはオフラインで使うものだからだ。ところがオンラインのプロダクトでは非常に重要になる。

　インクルーシブデザインでは、現行ユーザーと潜在ユーザーをすべて考慮に入れる必要がある。アメリカでは、国民の13%がまだインターネットを使っていない*4。この数字は、中国では48%に、いくつかの国では90%に達する†52。総計では、世界中でまだ40億人がネットにつながっていない

計算だ。である以上、彼らのことを頭に入れながらデザインを行う企業は競争を生き残りやすい。回線の遅い、接続の途切れがちなユーザーのことを考えよう。母国語ではない言語でネットを使っている人、一般的ではないデバイスでアクセスしている人のことを考えよう。

│ 言葉の力

　人をのけ者にする方法の中で、最もありがちで、同時に最も目立たないのが言葉遣いだ。人の思考には無意識のバイアスがかかっていて、ある言葉を使ったことで相手とのあいだに壁ができてしまったとしても、気づくのは難しい。普通なら気にも留めない単純な代名詞が、誰かをつまはじきにし、仲間に加わるのを止めることがある。誰をターゲットにするか宣言するのは、ほかの全員を除外すると言っているのと同じだ。宣伝の言葉遣いで、ユーザーは歓迎されていないと感じる。簡単な例を挙げるなら「俺にぴったり」という広告のコピーを見た人は、対象が男性だと思うし、逆に「あたしにぴったり」なら女性だと思うはずだ。

　登録フォームも、性別を尋ねてユーザーに疎外感を与える。ほとんどのフォームには、選択肢は「男性」と「女性」の2種類しかない。そのせいで、生物学的に、あるいはアイデンティティの面でそれに当てはまらない多くの人がのけ者にされたと感じる。性別に関する質問は、質問の意図という別の疑問も呼ぶ。「なんで性別を知る必要があるの？」「自分たちのためだけに情報を集めてるんじゃないの？」「それで体験の何が変わるの？」と。性別を知る必要がないなら、項目を完全に削除することを検討すべきだ。ずっとやってきたからという理由で、何も考えずユーザーに情報の提示を求める企業は多い。ユーザーに語りかけるときの代名詞を知りたくて性別を尋ねているなら「どちらの性の代名詞を希望しますか」という訊き方をしたほうがいい。ほかに（統計を取りたいなどの）理由がなければ、性別の項目は空欄可にすることを

＊4　Anderson, Monica, and Andrew Perrin. "13% of Americans Don't Use the Internet. Who Are They?" Pew Research Center, September 7, 2016. †††31

検討しよう。そうすれば、男性と女性の2種類で分けられない人たちも困らないはずだ。

こうしたバイアスは、深いレベルで顧客を逃し、相手を傷つけ、PRで致命的な怒りのツイートを呼ぶ可能性がある。しかし、もっと壊滅的なのはこうしたバイアスが業界や社会に根を張っている場合だ。そうした業界や社会は、インターフェイスやマーケティングサイトの文言、コミュニティで使う言葉を通じて「お前はこの場にふさわしくない」というメッセージを発信する。

メッセージは無意識に送ってしまっていることも多い。偏見がやっかいなのは、自分では気づきにくい点だ。だからこそ、多様な職場環境、いろいろな人との友人の輪を作るのが大切になる。デザイナーは、自分とは違った視点を持つ人たちの意見をじかに吸収しなくてはならない。「それは偏見だよ」と言ってもらわなくてはならない。そうした意見を採り入れて修正していくたびに、視点はどんどん広がっていく。偏見は、デザイナーが採用する画像にも表れる。プロモーション画像やサンプル画像がどれも典型的な核家族のモデル（父親と母親、息子、娘が1人ずつという構成）を使っていたら、それは「このアプリはこうした人たち向けです」というメッセージを送っているのと同じで、それ以外の多くのお客が除外されたと感じる。

繰り返すが、考慮に入れなくてはならないのは性別だけではない。基本は不必要な情報を求めないことだ。どう考えても必要なもの以外を求めるときは、情報の使途を明確にしよう。そして、答えの選択肢は慎重に作らなくてはならない。よくあるミスが「年齢」を尋ねる質問に対して「18〜25歳、26〜35歳、36〜45歳、45歳以上」という選択肢を用意すること。47歳の人がこの選択肢を見たら、この会社は47歳を「年寄り」扱いしていると感じるだろう。この場合は「46〜55歳、56〜65歳、66歳以上」の選択肢を加えるのがきちんとした配慮というものだ。仮に最後の3つの年齢層からの応答率が高くないとしても、それなら自分で足し合わせるのは手間ではないはずだ。

多様性を意識したデザイン──常識に疑問を投げかける

　みなさんは、多様性を意識したデザインを考えたことがあるだろうか。そのためには一見どうでもいい、しかし包括性に関わることに疑問を投げかけ、別の角度から問題を見つめる必要がある。たとえばスウェーデンでは、次のような形で、多様性を意識したデザインに関する意思決定を行った。

　スウェーデンのカールスクーガで、街の公務員たちが、大雪のあと自分たちがまず大通りの雪かきをし、次に歩道、続けて自転車道という順番で除雪を進めていることに気づいた。ところが街を観察してみると、この順番の恩恵を受けているのが男性で、女性は傷ついているのがわかった。男性は車を使うことが多く、女性は歩いたり、公共交通機関を使ったりすることが多いからだ。

　車の通りの多い道を優先にすることで、街は同時に、男性が好む交通手段のアクセシビリティを優先にしていた。

　こうした方針のデザインは、同時に「歩行者」の集団を肉体的に傷つけていた。氷が原因でけがをして、病院にかかった人の大半が女性だった。そこで街が除雪の順番を変えたところ、街は歩行者が移動しやすい場所になり、結果として公共交通機関の利用が増え、渋滞が緩和されて、長期的にはドライバーにとってもありがたい状況が生まれた。車を運転できない子どもや10代の若者など、すべての人にとって街はアクセスしやすくなった[5]。このように、都市開発と政策立案はデザイナーがもっと積極的に関わるべき分野だ。

　こうした不幸な状況は、当たり前のことに疑問を持たず、そのまま放置していると発生する。これは、具体的なモノのデザインの分野で特に起こりがちな過ちだ。産業デザイナーは、人体測定学に基づいたデータを使ってデザインを決める。データには、人間の体を測定したさまざまな情報が含まれている。平均身長や手の長さ、手のひらの大きさ、手首の太さ、目と目のあいだの距離……。デザイナーはこうした情報を使って製品の形や大きさ、設

＊5　"Gender Equal Snow Clearing in Karlskoga." Includegender.org, February 18, 2014. †††32

置場所を決める。ところが重宝されているデータベースの中には、軍人を測定したデータで構成されているものがある。つまりデータは一般平均よりも背が高く、細身で、筋肉質で、年齢の若い男性が中心になりがちになる。問題はほかにもあって、それは平均的な体型が男女を問わず、10年、20年前とだいぶ変わってきていることだ。私たちは、測定が行われた頃よりも背が高くなり、体重も増えている[*6]。

人体測定学的なデータを使うほうが、何も考えずにデザインするよりいいのは確かだが、リスクもある。車の内装、職場環境、工具、医薬品などはみな、基本的に女性やアメリカ系以外の人種の人、高齢世代、そして体の大きな人には使いにくい。

医療の分野では、手術道具の50%が男性向けにデザインされていて、手の小さな人には大きすぎて使いにくい[*7]。手術道具ほど手にぴったり馴染んでほしいものはないのにだ。似た問題として、医療品の一部は白色人種向けにデザインされている。たとえば鼻や唇の大きさはアフリカ系アメリカ人と

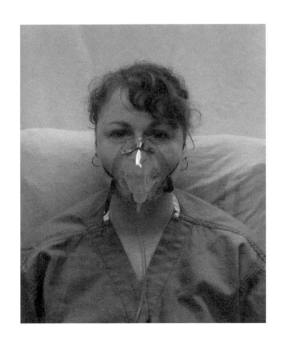

図5-6
酸素マスクは鼻や唇の形によってはうまく合わない（写真はジェイムズ・ヘイルマン医師撮影[††12]）。

韓国人、白人とで異なる[*8]。それなのに特定の顔の形に合わせた酸素マスクをデザインすれば、ほかの人たちには合わないという問題が出てくる（図5-6参照）。

　もうひとつ、非常にショッキングな事実を紹介しよう。とある研究グループが、アメリカの交通事故に関するデータ10年分を調べたところ、交通事故による死亡と負傷は、女性のほうが多いことがわかった。シートベルトを締めた状態でも、女性ドライバーのほうが男性ドライバーよりも約1.5倍、重傷になるケースが多かったのだ。原因は、車の安全機能が男性を念頭に置いてデザインされているからだ。たとえば一般的なヘッドレストの位置だと、身長の低い人の首を十分に支えられない[*9]。

　自分とは違う人たちのためにデザインをするときは、理由を間違えてはいけない。肉体的な違いを考慮してデザインを行うのであって、社会通念上の違いのためにデザインするのではないという感覚を持たなくてはならない。Dell はそれを痛感したことがある。Dell は2009年、Della という女性向けパソコンを発売した[†53]。しかし、少なくともデスクトップ PC に関して、女性は男性と違うものを必要としていなかった。PC をピンク色に塗ることは、インクルーシブではなかった。同じことは SEAT Mii by Cosmopolitan のような「女性に優しい」車にも言える（図5-7参照）。問題は、（ようやく）女性をターゲットにしたカーメーカーが現れたことではなく、メーカーが体の小さな人向けの安全機構を考慮していないことだ。メーカーは紫色の車を売り出し、こう豪語する。車は「誰にでも扱えます。夜にふとドライブしたくなったときも、午後に買いものへ行きたくなったときも。（中略）。どんな目的にも、いつでも、この車は外見も内装もぴったり。すべてはお客さま次第……」[†54]。

＊6　Roe, R. W. "Occupant Packaging " In *Automotive Ergonomics*, edited by B. Peacock and W.Karwowski. London: Taylor and Francis, 1993. 11–42.

＊7　"Addressing Women's Needs in Surgical Instrument Design." MDDI, November 1, 2006. [†††33]

＊8　Yokota, M. "Head and Facial Anthropometry of Mixed-Race US Army Male Soldiers for Military Design and Sizing: A Pilot Study." *Applied Ergonomics* 36 (2005): 379–383.
Kùu, H., D. Han, Y. Roh, K. Kim, and Y. Park. (2003). "Facial Anthropometric Dimensions of Koreans and Their Associations with Fit cf Quarter-Mask Respirators." *Industrial Health* 41 (2003): 8–18.

＊9　Bose, Dipan, Maria Segui-Gomez, ScD, and Jeff R. Crandall. "Vulnerability of Female Drivers Involved in Motor Vehicle Crashes: An Analysis of US Population at Risk." *American Journal of Public Health* 101:12 (December 2011): 2368–2373. doi:10.2105/AJPH.2011.300275

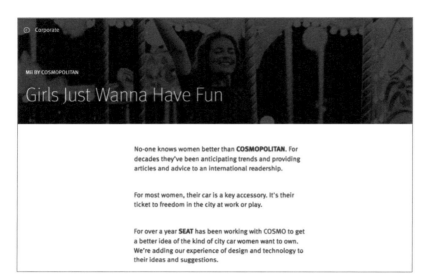

図5-7
Seat 社のウェブサイトのスクリーンショット††13。「女の子だって楽しみたい」？　私たちとしては、女の子だって安全がほしいと言いたい。

ところがこの路線を正しく追求しているのは Volvo のほうだ。Volvo は2002年に女性向けの車をデザインした。そして収納の問題を解決しただけでなく、内装をもっと女性向けにした。Volvo がウェブサイトに掲載している車の特徴を紹介しよう[55]。

YCC の開発で我々が最も重視したのは、どんな身長のドライバーでもきちんと視界を確保しながら、正しい姿勢で座れることです。その結果が、人間工学と最適な視線を一体化した Ergovision (特許申請中) です。

弊社では、お客さまの体を販売店でスキャンさせていただき、そのデータを使ってお客さまにぴったり合った運転席のポジションを導き出します。情報はキーの中にデジタル化されて保存されます。運転席に座ってキーを中央のコンソールに差し込むと、座席、ステアリング、ペダル、ヘッドレスト、シートベルトが自動的にお客さまの体型に合わせて調整されます。そのため健全な運転姿勢を保ちつつ、最適な視線を確保できるのです。

保存されているデータを変更したい場合は、車のさまざまなパーツの設定を変

更し、新しいデータをキーに保存できます。視線が適切でない場合は、ホログラムを使い、フロントガラスとドアのあいだの A ピラーに目の形のシンボルを表示して正しい位置を知らせます。

　最終的にすべての人のためになるインクルーシブなデザインとしては、こちらのほうがはるかに優れたアプローチと言える。

　気をつけてほしいのは、ここで紹介した実例がもともと差別するつもりで作られたわけではなく、結果として一部の人を差別することになった点だ。そうした意図せぬ差別は、たくさんのサービスやシステム、政策、ツール、建築、工業デザインで起こっている。デザイナーとして、私たちにはデザイン採用の意思決定に加わり、常識に疑問を投げかける必要がある。

インジャスティス

　公正さというのは捉えどころのない概念だ。何が公正かを知るには、何が正しいかを理解しなければならないが、これは結論の出ない問題で、しかも文化や価値観に大きく影響を受ける。そこでここでは、公正さを具体的な内容や価値観ではなく、平等性や公平性、合法性、倫理的な正しさを実現すること、または目指すことと定義しよう。この項では、ひどいデザインが不公平な状況を生み出している実例をいくつか紹介し、デザインには公正さをもたらすという重要な役割があることを理解してもらう。

｜ フードスタンプ

　アメリカでは、所得の低い人たちを支援するため、日用品や健康食品を提供するプログラムを実施している。プログラムは「セーフティーネット」を作り出すことで生活の安定をもたらし、本人や扶養家族の暮らしをよくしている。正式名称は補助的栄養支援プログラム（Supplemental Nutrition Assistance Program、SNAP）というが、フードスタンプ・プログラムという通称で知られている。2015年時点で、アメリカでは4540万人もの人が支援を必

要としている。このサービスにアクセスできなければ、自分と家族の食べものを十分に手に入れられない状況にある。ではここで、オンラインで助けを求めた人に何が待ち受けているかを見てみよう。プログラムにはよくない例が4つ含まれている。

　図5-8を見てほしい。これはアラバマ州のウェブサイト[†56]だが、プログラムに申し込みたい人はどこへ行けばいいのだろうか。右上の「支援を受ける(Get Assistance)」のタブだろうか。しかし残念、そこを押してもウェブサイトのヘルプが見られるだけだ。プログラムの詳細は右のメニューの真ん中の「食料と栄養支援(Food and Nutrition Assistance)」を押すと表示されるが、実際に見てみようと中央の各項目の「見る(View)」ボタンを押すと、まるでユーザーが何かミスをしたかのようにエラーメッセージが表示される。メッセージによるとログインをする必要があるようだが(You Must be logged in to use this service)、このページにはアカウント作成やログイン用の項目が見当たらない。

　ほかの州もうまくやっているとは言いがたい。インディアナ州のサイト[†57]

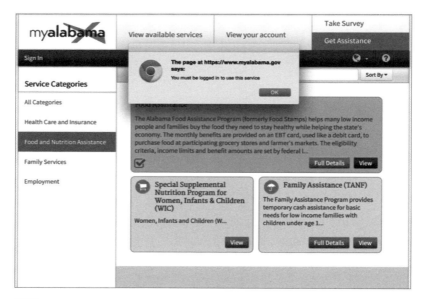

図5-8
アラバマ州の食料・栄養支援へのアクセスページ。このサイトでは、警告メッセージを使って、情報を手に入れるにはログインする必要があると知らせている。

はダウンしていた。インディアナ州では、助けを必要としている人を待ち受けているのは行き止まりで、次に何をすればいいかもわからず、言われるのは「あとで（Later）」試してくれということだけだった（図5-9参照）。

アイオワ州のウェブサイト[†58]は、洗練さの欠片もなく（図5-10参照）、政府の公式サイトというよりは、エラーページのように見える。ユーザビリティのベストプラクティスにも大きく違反している、というより倣っている部分がほとんどない。閲覧者のための情報の階層構造もない。

図5-9
インディアナ州のサイトはしばらくのあいだ
メンテナンス中だった。

図5-10　アイオワ州のウェブサイト。まるでエラーページのようだ。

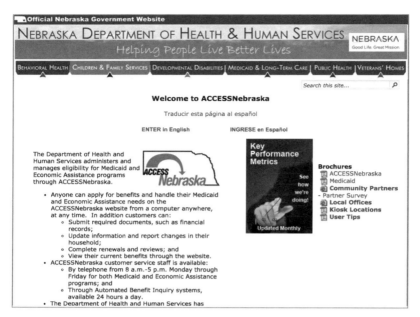

図5-11　ネブラスカ州の食料支援サイトはわかりにくい。

　ネブラスカ州のサイト[†59]はとてつもなく読みにくい（図5-11参照）。「英語で
サイトへ入る（Enter in English）」のリンクをクリックしなければいけないと理
解するだけでもしばらくかかる。アイオワ州のサイトと同じ、階層構造のな
いひどいデザインも特徴だ。文字の量も多く、情報を整理しにくい。

　こうしたサイトのせいで、必要な人がサービスを受けにくくなっている。
私たちが確認したサイトは、ほとんどがサインインと、電話番号や住所のよ
うな多数の個人情報を求めていた。サイトを見る人の中には、いつでも自由
にコンピュータやインターネットにアクセスできるわけではない人、たとえ
ば図書館で見ている人もいるかもしれない。そうした人にとっては、サイン
インや個人情報の入力のような余計なステップをこなしている時間はない
かもしれない。そして何より、文字情報の量が多すぎる！　アメリカ人の読
解力、特に支援を必要としている層の読解力は驚くほど低いのだ。

　読解力の向上に取り組む慈善団体 Literacy Project Foundation[†60]の統
計を紹介しよう。

- 福祉を受ける人の4人に3人が文章を読めない
- アメリカ人の20%が、生活収入を得るのに必要なレベルの読解力に満たない
- 16〜21歳の失業者の50%が、実用的なレベルの読み書きができない
- アメリカの成人の46〜51%が、文章を読めないという理由で、貧困ライン を下回る収入しか得られずにいる

　つらいかもしれないが、想像してみてほしい。食べるものがないという不安を抱えた人、助けが必要ということで自尊心が傷つけられ、すでに動揺している人が、ウェブサイトからこんなふうに締め出されたらどんな気持ちになるか。紹介したウェブサイトはどれも、ユーザビリティの基準をもっと高いレベルで満たすべきだ。これだけ重要なサービスの提供に関わるサイトなのだから、政府はわかりやすく使いやすいサイトのデザインにもっとリソースを割かなくてはならない。

｜ 違反切符

　車の駐車制限があるのは、お金を微収できるからというだけではなく、誰でも駐車できるようにするためだ。一箇所に長々と車を駐めることを認めれば、ほかの人がその地区のお店や企業、家を訪れることができない。交通量が増える時間帯には、交通の流れをスムーズにするためにも、やはり駐車制限は必要だ。ところが駐車制限の理由や駐車可能な時間、制限に関する規則や法律はたくさんあって、しかも内容が重複していることが多い。市民が混乱するのも当然だ。ひとつの事柄に対して、複数の法律が適用されているときもある。この状況はもうずっと前から続いていて、混乱を生んでいる。市民は状況に応じたルールをいくつも頭に入れ、なおかつ現場ですべての情報を解読しなくてはならない。本来なら、こんなときはデザインの出番だ。デザインには、適用されているルールと従い方を市民に教える力がある。ところが残念なことに、駐車制限に関しては、デザインの潜在能力が発揮されているとは言いがたい。駐車制限の標識は、内容がいっそう理解しにくくなるデザインになっている。おかげで善良な市民が、制限をなんとか理解しよ

うとしたけれどできなかったせいで、罰則を科されかねない（というより、実際に科されている）。

図5-12は、いくつもの標識が並ぶよくある光景を示したものだ。運転手は情報を読み解き、今の（あるいは近い未来の）状況が条件に当てはまるかを判断する必要に迫られる。みなさんも似たような経験があるはずだ。車を運転しながら駐車スペースを探し、やっとのことで場所を見つけ、たっぷり1分かけてすべての看板を読んで大丈夫だと確信し、しかし戻ってくると切符を切られている……。想像してほしい。この本をここまで読めるだけの読解能力のある人がこうした看板を理解できないのだとしたら、小学5年生くらいの読解力しか持たない人、あるいは英語ネイティブではない人はどうなるか。

見た人を法律に従わせ、罰則を公正なものにしたいのなら、その法律を適

違反車はレッカー移動します
24時間待機および駐車禁止
移動された場合は725-5000へ

レッカー移動します
平日のPM4:00〜6:30まで
待機および駐車禁止
移動された場合は725-5000へ

平日のAM7:00〜PM4:00まで
2時間駐車可

図5-12　複数の標識に異なる規則が書かれていて、駐車していいのかわかりにくい。††14

切に伝えなくてはならない。法律に従う意志のある人が罰せられるのは公正とは言えない。そして情報の伝え方が重要な以上、デザインの役割は大きい。市民とコミュニケーションを取りたいなら、政府は優れたデザインを採用しなくてはならない。駐車制限と標識のデザインについては、今の方式がベストだという思い込みがあるが、まだあまり浸透してはいないながら、この問題に取り組んで大きな成功を収めているデザイナーもいる（図5-13参照）。その1人であるニッキ・シリアンテンは、問題に果敢に挑み、看板にス

 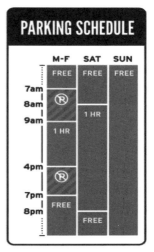

アンチグリッドロックゾーン		
停車禁止		
AM7:00〜AM9:00		
PM4:00〜PM7:00		
土曜と日曜を除く		
1時間駐車可		
月〜金	土	
AM9:00〜	AM8:00〜	
PM4:00	PM8:00	

駐車スケジュール

	月〜金	土	日
	無料	無料	無料
AM7:00			
AM8:00		1時間	
AM9:00	1時間		
PM4:00			
PM7:00	無料		
PM8:00		無料	

図5-13
駐車看板の改善案。ToParkOrNotToPark.com のニッキ・シリアンテンが、複数の駐車制限のシンプルな解決策を示している。

ケジュール表に似たデザインを使う方法を提案している。確かにこれだと、色分けとシンボルが使われているので、駐車できる時間帯と無料の時間帯、制限される時間帯、禁止の時間帯がはっきりわかる。「オリジナル」の看板は目に付きやすさを考えて作られているんだと主張する人もいるが、シリアンテンのデザインの目的はわかりやすさだ。彼女はロサンゼルスに住んでいた2010年にデザインに取りかかり、ブルックリンに移り住んだあとの2014年から、実際に印刷してアパートの外にあるわかりにくい看板の下にスケジュールを貼り始めた。スケジュール表は下に「コメント」欄もあって、彼女はそれを使って街の人の意見を集めている。新しいデザインは大好評だそうで、今ではロスやオーストラリアのブリスベン、コネティカット州のニューヘイブンで試験導入されている[61]。シリアンテンは、ジョン・F・ケネディ元大統領の有名な言葉を完ぺきに体現している人物だ。「国が自分に何をしてくれるかを訊くのではなく、自分が国に何をしてやれるかを訊こう」。シリアンテンを見ならおう。何かを改善したいデザイナーは、街の許可を待っていてはいけない。

｜ 収容者との面会

　言うまでもないことだが、刑務所は囚人の家族にとってとてもつらい場所だ。悪いことをしたせいだとしても、愛する人と離ればなれになるのはすごく苦しい。ジョナサンの友人家族はこのつらさを身をもって味わった。一家はとても仲がよかったので、毎週のように収容された家族を面会に訪れ、会えないのは面会許可が下りないときだけだった。しかし刑務所は、許可を出さないときでも、電話での連絡や、メールでの通知は一切行わなかった。最悪なのは、刑務所まで車でも4時間かかることだった。一家ははるばる刑務所まで出かけ、現地で面会を拒否され、また車で帰らなくてはならなかった。面会の予定を入れること自体も大変だった。両親は最初、ウェブサイトがわかりにくいせいで申し込みを終えることができず、娘が何度も試行錯誤を繰り返した末、やっとやり方を見つけた。私たちはそのサイトを見て、問題を明らかにしようとした(図5-14参照)。

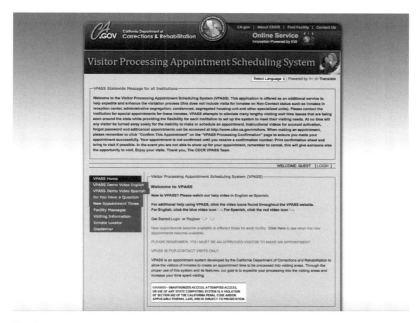

図5-14
カリフォルニア州刑務所システムの面会申し込みのウェブサイト†† 15。訪問者面会申し込み処理システム（The Visitor Processing Appointment Scheduling System）という名前が示すとおりわかりにくい。

　最初に気づいたのは、まるで巨大な壁かというような文字の量だった。一見すると警告かエラーメッセージのようだった（下にある本当のエラーメッセージもひどい。州のコンピュータ・システムに不正にアクセスすると訴追される場合があると書いてあるのだが、非常にわかりにくい）。サイトは Google 翻訳でサポートされていて、それはすばらしいことなのだが「すばらしい」のはそこだけ。巨大な文字の壁は非常に理解しづらく、法律に詳しくない人には馴染まない用語が満載だった。巨大な文字の固まりの真ん中あたりには、こんな文言がある。

　面会の予定を入れられないからといって、サイトを去ることはありません。アカウントの有効化、パスワードの紛失、面会予定の編集と取消に関する講習動画は、www.cdcr.ca.gov/visitors からアクセスできます。

ところが URL はハイパーリンクされていないので、ブラウザのアドレスバーにコピーアンドペーストしなくてはいけない。その作業を済ませると、ユーザーは新しいサイトへ飛ばされ、そこで「VPASS アカウントを有効にする (VPASS account activation)」という動画を発見する。ところがクリックすると Google Chrome が警告を発し(「安全ではないサイトです」)、サイトがブロックされてユーザーは先に進めない。進むには警告を無視して「続ける (advance)」をクリックする必要がある。そして".wmv"ファイルをダウンロードし、開いてみると、今度は別のエラーが表示される(図5-15参照)。

図5-15　QuickTime のエラーメッセージ。ハウツー動画を見ようとするとこのメッセージが出る。

Apple のコンピュータを使っている家族、そして適切な動画コーデックのプログラムが入っていないコンピュータを使っている家族には、どうすれば愛する家族に会えるかがわからない。苦心の末、私たちはようやく登録ページへの小さなリンクを見つけた。ところが登録とログインが終わっても、面会申し込みの手順がまたやっかいで、予定を入れようとする人をあの手この手で足止めする。仮にわかる人を見つけても、今度はその人にものすごいストレスがかかる。しかもその人は、わかるようになるまでに十分ストレスを受けているのだ。さらに言えば、積極的に面会を増やすことは、囚人とその家族だけでなく、社会全体にも大きな意味がある。再犯率が下がるからだ。カナダのオンタリオ州で、犯罪の問題や刑務所改革に取り組む非営利組織の John Howard Society は、こう述べている。

服役中に家族や友人といった支えてくれる人間の訪問を受け、明るい気持ちになれた囚人は、うまく社会復帰できることが多い。その大きな理由は、地域社会

へ再び溶け込むのに必要な人間関係が保たれるからだ。家族やコミュニティとの強い絆を持つ囚人は、出所後に再び犯罪に及ぶ確率が低い＊10。

国の運命
（私たちはいずれの政党の関係者でもない）

2000年のアメリカ大統領選では、ジョージ・W・ブッシュとアル・ゴアの両候補が接戦を繰り広げた。レースは競馬で言うところの"クビ差"で、有権者の半数が共和党を、残り半分が民主党の候補であるゴアを支持した。アメリカでは、州ごとに一定の選挙人が割り振られていて、有権者の投票で勝利した党が、その州の選挙人を獲得する（つまり、選挙人が国民を代理して投票する形になる）。2000年の大統領選は、一般投票が実施されて集計作業に入ると、いくつかの州をブッシュが取れば別のいくつかの州をゴアが取るという、白熱した展開になった。互角の勝負は続き、やがてフロリダ州の行方が勝敗を分けることがわかってきた。フロリダはスイング・ステート（swing state）、つまり二大政党がほぼ同規模の支持基盤を持っている州で、実際の集計結果もほとんど差がなかった。その晩、フロリダ州を取ったのは、わずか1784票差で競り勝ったブッシュだった。フロリダでは、僅差で勝敗が決まった場合、機械を使った再集計を行うことが法律で義務づけられている。ジリジリとした長い再集計の処理をへて、裁判所の判決が下された。ブッシュ対ゴアの事例については、全体で600万票が投じられたなかで、ブッシュがわずか537票という驚くべき僅差で勝利したことが確定した──。それでも、選挙のあとも議論は続いた。その大きな理由のひとつが「バタフライ」バロット（butterfly ballot、チョウ型投票用紙）と呼ばれる投票用紙だった。そう、大統領選でもひどいデザインが大きく影響して、国の行く末を決めたのだ。この用紙では中央に穴が並んでいて、有権者は票を入れたい候補の穴にパンチする。図5-16を見てほしい。ゴアに票を入れたい人は、どの穴にパンチをすれば

＊10　John Howard Society of Ontario. "Visiting a Loved One Inside? A Handbook for People Visiting a Prisoner at an Adult Correctional Facility in Ontario." Updated July 2014. ✝✝✝34

179

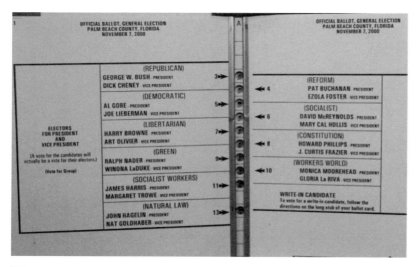

図5-16
2000年のアメリカ大統領選のフロリダ州の一般投票で使用された悪名高い「バタフライ」バロット。左側の上から2人目に名前があるからといって、上から2つ目の穴をパンチしてもアル・ゴアに票は入らず、代わりに右側のパット・ブキャナンに投票したことになる。

いいと思うだろうか。

　2個目の穴だと思い、それから矢印に気づいた人も多いのではないだろうか。『ニューヨーク・タイムズ』紙によれば、この用紙が使われたパームビーチ郡では、最大で5310人の有権者がデザインに混乱し、意に反してブキャナンに投票してしまった可能性があるという。デザインはブッシュの支持者も混乱させたが、こちらはミスを犯したのはわずか2600人だった*11。

　ミスで票を増やしたブキャナンまでもが、インタビューでこう話した†62。「選挙の晩に用紙をひと目見ただけで（中略）簡単にわかった。私に票を入れているのに、アル・ゴアに投票したと勘違いしている人がいるだろうということがね」

　さらに、具体的な人数は不明だが、一定数の有権者がミスに気づき、もうひとつ穴をパンチした。それにより多くが無効票として破棄された。投票用紙のデザインは紛らわしかった。入れる候補をミスした人が仮に1人だったとしても、被害が起こったことには変わりはない。民主主義のシステムでは、投票できる年齢になったすべての人に、政権を託す相手を表明する権利

がある。デザインの悪影響が逆に作用して、ミスが民主党に有利な状況をもたらしたとすれば、そちらも同じように不公平だ。

　バタフライバロットのデザインには、いくつかの致命的な失敗があった。まず、ゲシュタルト心理学のグルーピング理論によれば、人間は、ひとつのグループにまとめられているものを関連づけて認識するという[*12]。そしてこの投票用紙には、右側と左側という2種類のグループがある。だから、左側の2番目の候補に対応するのが3番目の穴ということになると非常に混乱するのだ。さらに、ミスは本来なら簡単にやり直せなくてはならない。それなのに、この用紙には使い方の指示も、うっかり別の候補を選んでしまったときの対処法も書かれていない。この用紙をデザインしたのは、パームビーチの選挙を担当するテリーザ・ルポールという公務員だった。では、彼女は何も考えずにこのデザインを採用したのだろうか。悪いのは彼女なのだろうか。実際にはルポールは、有権者のことを考えて、このデザインを採用していた。

　ABCニュースの番組『グッドモーニングアメリカ』の独占インタビューで、テリーザ・ルポールはこう話している。「連邦の作業部会とともに、盲や障害のある有権者のための投票に携わっていた私は、そうした市民特有のニーズにとりわけ注意している。パームビーチ郡には高齢の有権者も多く、そうした有権者が読みやすい投票用紙を作ろうと考えていた。それが2ページの投票用紙、いわゆるバタフライバロットに行き着いた理由だ」[*13]

　アメリカには「地獄への道は善意でできている (the road to hell is paved with good intentions)」ということわざがある。ルポールはユーザーへの善意を持っていた。では、彼女はどこで間違えてしまったのだろうか。

　「人間は自分の行動に責任を持たなくてはならない」。ルポールは番組の司会者にそう話している。「今から振り返れば、候補者は両側のページにいるということをもっとはっきり示すべきだったのかもしれない。それでも、

＊11　Fessenden, Ford, and John M. Broder. "Examining the Vote: The Overview; Study of Disputed Florida Ballots Finds Justices Did Not Cast the Deciding Vote." The New York Times, November 12, 2001. †††35.

＊12　Tuck, Michael. "Gestalt Principles Applied in Design." Six Revisions, August 17, 2010. †††36

＊13　ABC News, "Butterfly Ballot Designer Speaks Out," December 21, 2001. †††37

あのときに戻ってやり直すことはできない。もう起こってしまったのだから」

　ルポールは正しい。何が悪いほうへ転ぶか、あるいはデザイナーがわかり やすいと思ったデザインをユーザーがどう捉えるかを、事前に予測するのは ほとんど不可能だ。だからこそユーザーテストがある。ルポールは25件の 訴訟を起こされていて、怒りの手紙も大量に届くという。しかし、非がある のはこうしたデザインが作られた過程のほうだ。州は使いやすいデザイン の作り方を心得ているデザイナーを採用するべきで、公務員に任せてはなら なかった。締切に追われ、安全などの重要な部分がないがしろにされたプ ロダクトと同じで、デザインが軽視され、優先順位が低いプロダクトは失敗 する。そしてこの失敗は世界を変えた可能性がある。投票用紙のデザイン に特に強い関心のある方は、Center for Civic Design[†63] を訪れてみてほし い。使いやすい投票用紙をデザインするには何が必要かわかるはずだ。ア ドバイスは非常に基本的なもの（小文字を使う、中央ぞろえは避ける、文字サイズは大 きくする、ページ番号を振って記入の仕方の案内を入れるなど）が多いが、言われなけれ ば気づかない注意点もある（政党のロゴを使うのは避ける、投票先を変えたくなったとき の対処法を最初に表示するなど）。リデザイン前と後の用紙の一例を示すので、参 考にしてみてほしい（図5-17参照）。

　正しい行為の邪魔をするデザインは、公正ではない。デザイナーの役割は、 目には見えないインターフェイスをデザインすることだ。ユーザーとプロダ

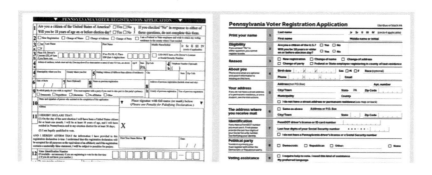

図5-17
Center for Civic Design のベストプラクティスを活用した投票用紙のリデザインの一例。左が再考前で、右が 再考後。

クト、あるいはデザインの目的とのあいだの障害を取り除くことだ。デザインは、私たちの生活の大切な場面でとても大きな役割を果たしている。人は優れたデザインを頼りに、生活に欠かせないサービスとコミュニケーションを取り、サービスの提供を受ける。デザインの役割は一見明白だが、それが一番よくわかるのは失敗が起こったときだ。私たちは、デザインには大きな役割と価値があるということを認識し、正しいデザインのプロセスに十分なリソースを注いで、絶対に失敗しないデザインを作らなくてはならない。

結論

　ユーザーとプロダクトのインタラクションを考えるのは、私たちデザイナーの仕事だ。プロダクトが何かに邪魔されて使いにくいのであれば、それはデザインの失敗で、解決しなくてはならない。EC サイトのデザインが携帯デバイスのユーザーにとって使いにくいものだった場合、その問題をすぐに解決しなくてはならないのと同じように、採用したデザインのせいで誰かがのけ者にされているなら、状況をすぐに改善しなくてはならない。橋の比喩をまた使うなら、アクセシビリティを無視したデザインを行い、オーディエンスが誰かを忘れ、のけ者にするデザイナーは、最も渡りやすい橋を作れていない。ユーザーが疎外感を抱いていれば、それはデザインが失敗だったということだ。優れたデザインはユーザーの声に耳を傾け、ひどいデザインはユーザーを無視する。優れたデザインは遠回りしてでも全員を幸せにし、ひどいデザインはビジネス目標を達成するために近道をする。優れたデザインは、デザイナーの視点にはバイアスがかかっているという想定の元に作られ、ひどいデザインはすべてのユーザーを代理しているという勘違いの元に成り立つ。最後にもう一度言う。デザイナーは、自分や知り合いがアクセシビリティのことを気にし始めるのを待っていてはいけない。

この章のポイント

1. デザインは人間とテクノロジーの橋渡しをするためのもので、橋がどれだけ渡りやすいかは、私たちデザイナーにかかっている。橋を渡れずに除外された人は、社会的にも、政治的にも、創造性の面でも置いて行かれたと感じる。

2. アクセシビリティを重視することは、障害のあるユーザーに優しいだけでなく、ビジネス判断としても優れている。

3. 人をのけ者にする方法の中で、最も一般的なのが言葉遣いだ。人の思考には無意識のバイアスがかかっていて、ある言葉を使ったことで相手とのあいだに壁ができてしまったとしても、気づくのは難しい。

4. 公正ではない状況は、紛らわしいデザインを使ってルールが示されているとき（駐車の標識など）に起こる。おかげで法律を守る市民が、制限をなんとか理解しようとしたができなかったせいで、罰則を科されかねない（というより、実際に科されている）。

5. 公正ではない状況は、助けを必要としている人が情報にアクセスできないときにも起こる。たとえば構造が複雑すぎて移動できない、あるいは使われている言葉がわかりにくいサイトは、利用可能ではあってもアクセスはできない。

6. アメリカ人の（あるいは世界のどこでも）読解力、特に支援を必要としている層の読解力は驚くほど低い。多くの場合、注意が必要な人ほど目の届かないところにいる。

7. 機能していないデザインに気づいたら、改善の許可が下りるのを待っているばかりではいけない。ジョン・F・ケネディ元大統領はこう言った。「国が自分に何をしてくれるかを訊くのではなく、自分が国に何をしてやれるかを訊こう」

　これから紹介するのは、Microsoft のアクセシビリティの専門家、ディーン・ハマックへのインタビューだ。

1. アクセシビリティの悪いデザインが原因で、誰かが除外されるところを見ましたか？

　いろいろ目にしてきたが、多かったのはデベロッパーが視覚要素に代替テキストを付けるのを怠るミスだ。目の見える人には、拡大鏡アイコンの付いたテキストボックスは検索フィールドというのが常識だが、スクリーンリーダーを使う盲の人は、適切なラベルがなければそれがなんなのか見当もつかない。聾の人には字幕のない動画コンテンツがそうだ。

2. あなたとチームは、その問題の解決のために何をしていますか？

　取り組みのひとつが、アクセシビリティの高いウェブ・コンポーネントのライブラリ作りだ。いずれは社内の全デベロッパーのスタンダードになるだろう。アクセシビリティのブログ作りも共同で行っていて、一般公開もしたいと考えている。自社プロダクトのアクセシビリティの改善に力を入れるだけでなく、外部のデベロッパーの啓発も行って、問題を生むのではなく問題を解決できるようになる方法を教えている。

3. どのような経緯でアクセシビリティの専門家になったのですか？

　10年くらい前、朝起きて右目がかすむので病院へ行くと、網膜剥離が見つかった。予後は思わしくなく、24時間以内に視力が完全になくなることを覚悟してほしいと言われた。ありがたいことに、国内最高の眼科外科医が空いていて、視力の90% を回復できた。しかし、その件で深く考えさせられたんだ。もし突然に目が見えなくなったらどうなるんだろう、どうやって生きていこうとね。そ

れでアクセシビリティについて学び始め、のめり込んだというわけだ。

4. なぜアクセシビリティが大切なのでしょうか？

アクセシビリティは自立した生き方を可能にするし、どんな人にもにメリットがある。テクノロジーが限界を打ち破る助けになるものだとしたら、アクセシビリティは限界を飛び越える力になる。そして最高のイノベーションはときに、限界に行き当たり、乗り越えた人が成し遂げるものなんだ。

5. アクセシビリティの高いデザインを目指すデザイナーに何を言いたいですか？

戦いの9割は、セマンティックなマークアップを使えば勝利できる。リストやヘッディング、パラグラフを適切な箇所に使う。アクションのトリガーとなる要素には、div や span ではなく、＜a＞タグやボタンを使う。私がいつもデベロッパーに言っているのは、CSS をすべて取ったときに、整理されたわかりやすい Word ドキュメントに見えるようなウェブページを作れということだ。紛らわしかったり、ごちゃごちゃしていたりするページは、おそらくアクセシビリティが低い。

6. アクセシビリティに使えるリソースが限られている人に、アドバイスはありますか？

最初に言っておきたい。サイトのアクセシビリティを高めるには、追加作業をたくさんこなさなければならないと思っている人がいるが、それは完全な勘違いだ。基本的には、ARIA 属性を少し加えるだけで済む。それにアクセシビリティの高いコンテンツを提供しないほうが、長期的には高くつく。顧客の喪失の面でも、Target が 2006 年に起こされたような訴訟（会社は 600 万ドルを支払った）の面でもね。

7. アクセシビリティの高いデザインを行う上で、最大の課題はなんですか？

一番難しいのは、カレンダーやチャートのような複雑なユーザー・インターフェイスからの構築だ。基本的には、ユーザーが実際に見なくても要素が「見えなければならない」ものはすべて難しい。アクセシビリティの重要性を同僚やクライアントに教えることも大切だ。つまり、全員がひとつのチームという意識を持つことだ。

8. あなたにとって、テクノロジーとデザインの目的はなんですか？

デザイナーの中には、テクノロジーの進歩自体が目的だと考える人もいるが、私はいつも、テクノロジーはほかの人を助ける手段でなければならないと思っている。何かをデザインするときは「どんなクールな見た目にできるか」ではなく、まず「どんなデザインにならユーザーが楽に目標を達成できるか」を考えなくてはならない。目的が教育でも、コミュニケーションの促進でも、シンプルに娯楽でもそれは同じだ。

9. 人をのけ者にするアクセシビリティの低いデザインを避けるため、デザイナーが意識すべきことはなんですか？

私にとってアクセシビリティとは、単に障害のある人が使いやすいサイトを作ることではなく、誰にでも使いやすいものを作ることだ。そのためには、ユーザーの視点でデザインと向き合い、プランニングの段階でユーザーの意見を盛り込むのが一番だ。アクセシビリティのテストを品質管理プロセスの必須項目にする必要もある。Microsoft では、私のチームの承認がなければサイトがリリースされることはない。

第6章

ツールとテクニック

　ここまで私たちは、デザイナーであるみなさんを説得しようとがんばってきたが、それでも大いなる力と大いなる責任を持っているのはみなさん自身だ（ベン伯父さん、何度もありがとう）。みなさんの気持ちもすでに変わってきていることだろう。そこでここからは、みなさんがチームのメンバー、つまりプロダクト・マネージャーやエンジニア、マーケティング・チーム、そして経理部といったすべてのステークホルダーを説得する番だ。そのために一番いいのは、ユーザーテストを実施することだ。テストをすれば、プロダクトが起こす可能性のある問題がたくさん見つかる。テストは複数回に及ぶこともあるし、時間のかかるものもある。実際の状況を再現し、本物のお客の協力を得て行うユーザーテストほど、デザインの影響がわかるものはない。それでも、デザイナーには厳しい締切と一定の予算という制限があり、ユーザーを呼んで正式なテストを行うのは難しいときもある。それに、テストはものすごく有益ではあるが、すべての潜在ユーザーのシナリオを明らかにはできない。何より、調査結果に説得力のある形で提示しなければ意味がない。

　この章では、誰かを意図せず傷つけるデザインを防ぐテクニックを紹介する。各テクニックが、みなさんの会社に共感の大切さを広めるきっかけになってくれればうれしい。ツールの中にはすぐに使えるものもあれば、リソースや人員が必要なものもある。テクニックをすべて使ったからといって鉄壁のデザインができるわけではないが、それでも傷つける可能性は減らせるはずだ。

データをできる限り集める

　優れたデザインの重要性を社内の人間にわかってもらうために、一番シンプルな方法は、さまざまな場所から集めたインサイトを活用することだ。データを集めるには、社内のエキスパートの助けを借りるといいだろう。たとえばカスタマーサポートのスタッフは、真っ先に話を聞きに行くべき相手と言える。カスタマーサポートを、社内の「いつでも使える、だけど遅すぎる」調査対象だと考えよう。

　カスタマーサポートの仕事はとても大変だ。プロダクトを使うのに失敗に終わったお客の話を聞き、不満を抱える相手の気持ちを考えながら応じなくてはならない。カスタマーサポートのスタッフを集めた1時間のミーティングを定期的に実施し、電話を取るスタッフの様子を近くで観察すれば、最高に有意義な時間の使い方になるはずだ。ユーザー体験の問題点を知りたいなら、カスタマーサポートのスタッフは情報の宝庫だ。しかも彼らは、たいていデザイナーよりもプロダクトをよく知っている。実際のお客からの電話に耳を傾ければ、謙虚な気持ちになれる。シンプルなタスクを終えられなかったお客の不満を聞くことほど、デザインの判断を客観視できる方法はない。誰かの打ちひしがれた声、アカウントを停止したいという言葉を耳にすれば、ダークパターンを使うのをやめたくなる。お客の声には気持ちがこもっている。それはデータやスプレッドシート、経験則からは得られない、かけがえのないものだ。

| プロダクトを嫌っている人を探す

　自信を一瞬で打ち砕かれ、謙虚になれる方法としては、もうひとつ、「プロダクト名　嫌い」を検索クエリにするやり方がある。

　検索をかけると耳の痛い真実が見つかると思うが、知らんぷりをするよりはるかにマシだ。デザイナー全員がメンバーのグループを作成し、先ほどの検索クエリで Google アラートも設定するのもいい。こうすることで、誰かがウェブ上でプロダクトを嫌いと言うたび、全員にメールが送られるように

なる。どんな変更がうまくいっていて、どこに改善の余地が残っているかを
モニタリングしやすくなるだろう。

　真のペインポイントを明らかにするには、もうひとつ、プライベートで非
公式のグループやフォーラムを探す方法もある。ウェブにはさまざまなプロ
ダクトのコミュニティが無数にある。Facebook のグループ、Q&A サイトの
Quora の質問、Twitter 検索、サブフォーラム、LinkedIn のグループ、
Google+ のコミュニティ、専門のブログなどを探そう。コミュニティ・マネ
ージャーは必要なコミュニティを見つけ出す最高の情報源になる。重要な
のは静かに仲間に加わり、すべての質問に答えようとしないこと。もっとい
いのは素性を隠して加わることだ。誰が聞いているかを気にしていないとき
のユーザーの本音には、きっと驚かされる。

▎ 定量データと定性データ：リッカート尺度の先を行く

　もちろん、ユーザーテストは行ってもらいたい。しかしテストだけでは足
りない場合もある。テストを通じてユーザーのある行動を認識していたは
ずなのに、プロダクトミーティングでその問題をうまく取り上げられないと
いう経験を、私たちは何度もしてきた。なぜなら、ステークホルダーはデー
タを元に判断を下す。だからこそ、お客の声をステークホルダーに届け、ユ
ーザーの気持ちを傷つけるのを避けるには、感情などの「ソフトなデータ」を
示すことが大切になる。

　顧客調査では、多くの企業がリッカート尺度を好んで使う。リッカート尺
度とは、質問に対して「まったくそう思わない」から「強くそう思う」までの5
段階の答えを用意し、一番近いものを選んでもらう調査方法だ（図6-1参照）。
質問に対するユーザーの思いの強さを手軽に把握するにはとても都合がい
い。馴染みがあり、答えやすく、集計も早いリッカート尺度は、ユーザーリ
サーチで非常によく使われていて、タスク完了の平均時間やコンバージョン
率など、定量データを集めたいときには、必ずと言っていいほど登場する。
しかし有益な一方、ステークホルダーに提示する調査結果はこれだけでは
足りない。

1. このウェブサイトは移動しやすい。

強くそう思う　　そう思う　　どちらとも言えない　そう思わない　まったくそう思わない

2. サイトで使われている画像は適切である。

強くそう思う　　そう思う　　どちらとも言えない　そう思わない　まったくそう思わない

3. サイトは理解できる言葉を使っている。

強くそう思う　　そう思う　　どちらとも言えない　そう思わない　まったくそう思わない

図6-1　顧客調査で使われることの多い、便利なリッカート尺度。

　ユーザーがプロダクトを実際に使う様子を観察してみると、集めたデータが5種類の回答にぴったり当てはまるとは限らないことがわかる。確かに、リッカート尺度に基づいたデータは PowerPoint を使ったプレゼンには便利だが、同時に観察から得た生のデータもいろいろな形で提示しなくてはならない。ユーザーの感情の変化を図で表す、タスクをこなす際のユーザーの心の状態を絵文字としてリスト化する、観察結果やメモ、ユーザーの実際の言葉、あるいはスケッチノート (図6-2参照) をそのまま紹介するなどなど。こうした調査結果のほうが、グラフや票よりも心に響くし、共感を生みやすい。実際、人間の脳には分析する能力と共感する能力があるが、両方同時には行えないということが研究でわかっている[*1]。ケース・ウェスタン・リザーブ大学の研究チームは、分析のネットワークと共感のネットワークの同時使用の限界を調べた。その報告の一部を引用しよう[*2]。

[*1]　Case Western Reserve University. "Empathy Represses Analytic Thought, and Vice Versa." EurekAlert, October 30, 2012. †††38

[*2]　Jack, Anthony I., Abigail Dawson, Katelyn Begany, Regina L. Leckie, Kevin Barry, Angela Ciccia, and Abraham Snyder. "fMRI Reveals Reciprocal Inhibition Between Social and Physical Cognitive Domains." NeuroImage (2013): 385–401. doi:10.1016/j.neuroimage.2012.10.061

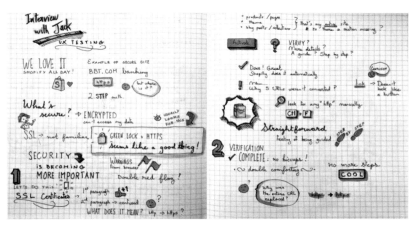

図6-2　インタビューのスケッチノート（画像はエライズ・ヴィオットの好意により提供）

なぜCEOは、コストカットの決断がPRの失敗を招くことに気づかないのか。
人間の脳は、分析のネットワークが働いていると、自分の行動がもたらす人的損
害を認識する能力が低下する。脳は休息時、社会的なネットワークと分析的な
ネットワークとのあいだを行き来している。ところがなんらかのタスクが示さ
れると、健康な成人では該当する神経回路が活性化する。共感と分析を同時に
行うには神経上の制約があることが、史上はじめて立証されたのだ。

　つまり、社内の人間が感情のレベルでユーザーを大事にし、共感するには、
ハードなデータで頭をいっぱいにしてはいけない。デザインのプレゼンは2
部構成にしよう。まずは定量的な調査結果を紹介する。カスタマーサービ
スの利用回数や、リッカート尺度の調査結果、各タスクの完了時間、エラー
回数、コンバージョン数、費用便益分析、Googleその他のプラットフォーム
のアナリティクス。それから定性データを提示する。カスタマージャーニー・
マップ、プルチックの感情の輪（あとで解説する）、ユーザーテストの観察メモ、
カスタマーサービスのスタッフへの面談結果……。再び先ほどの研究から
引用しよう。

　「両方のネットワークを使わずに生きていくことはできません」ジャックは続け

る。「どちらかが好きではなくても、人間の脳は両方のあいだを効果的に行き来し、場面に合わせて適切なネットワークを採用するのです」

　企業のCEOは、事業の好調を保つためにはとりわけ分析的でなくてはならない。である以上、モラルの羅針盤となり、人間的な意思決定を実現するのはデザイナーの役割になる。それができれば、会社も分析的な考え方に囚われすぎないようになる。ユーザーリサーチは、分析的なビジネス環境に人間の要素を持ち込む。データが豊富なデータ主導の時代だからこそ、人間の声の重要性はかつてなく高まっている。次の項目では、効果的にデータを集め、提示するのに便利なツールを紹介しよう。

感情の把握の仕方を学ぶ

　「ソフトな」データを集めるには、まずそうしたデータを理解し、把握する方法を知らなければならない。残念ながらデザイナーは、テストでお客が抱く気持ちに気づいたとしても、それに名前を付け、察知し、メモし、共有するのはひどく苦手なことが多い。ここではユーザーの気持ちを特定するのに必要な、言葉や言葉以外のサインの簡易リストを紹介する。
　言葉から得られるヒントには、次のようなものがある。

- 声のトーン。攻撃的か、あいまいか、恥ずかしそうか、皮肉めいているか、困惑しているか、苦々しそうか、怒っているか、消極的かなど
- 自分が行ったことの表現の仕方。たとえばユーザーが「同じ情報をまた入力しなくちゃならなかった」と言ったなら、確認用のパスワードの再入力が必要な理由を理解していない可能性がある。メモを取るときは副詞に注意を払おう
- ため息。ため息は言葉以上に気持ちを物語る。数えてみると、思った以上に回数が多いことに気づくはずだ。いちいち「ため息」と書かなくてもいいよう、メモしやすい記号を考えて回数をカウントしよう。私たちは波線（〜）を使っている

- 笑い声。笑い声は、インターフェイスがまた「ばか」をやっているという気持ちの表れになることがある。ユーザーは、ソフトウェアの紛らわしい選択肢や反応、要求に対し、笑い声で軽蔑を表す場合がある

　言葉以外のサインに注目することも大切だ。目や耳で感知できる苛立ちのサインは数多くある。いくつか例を挙げよう

- ミスのあと、急にキーボードを強くタイプする
- 目を見開く
- カーソルを見失ったみたいに画面上のカーソルをぐるぐるさせる
- 眼鏡をかけ直す、指輪をいじる、髪に手をやるなどの神経質な動作
- 顔や首が赤くなる
- 座り直す
- ため息、不満の声などの音
- 鼻や眉間のしわ

｜ 感情表現とボディーランゲージを読み解く

　人間の表情に表れる普遍的な感情は7種類ある（嫌悪、怒り、恐怖、悲しみ、喜び、驚き、軽蔑）と言われるが、表れ方にはマクロな（たいていは0.5秒から4秒続く）ものとミクロな（無意識に表れ、0.5秒も続かない）ものがある[*3]。デザイナーは、マクロな表情を正確に把握し、微妙な表情を読み解いて、ユーザーの本当の気持ちに敏感に共感できなければならない。

　ミクロな表情については、読み解くのは不可能だと思っている人も多い。しかし少し練習を積めば、基本的な察知スキルはすぐに身につく。人の気持ちを診断する能力は、デザイナーの極めて強力な武器になる。人の顔には基本の感情が組み合わさって表れることもあるから、それも知っておくべき

[*3] *The Nature of Things*. "Body Language Decoded." Written and directed by Geoff D'Eon, CBC-TV, February 16, 2017. [†††39]

だし、気持ちの強さやバリエーションを理解するのも大切だ。それがわかってはじめて、ユーザーの気持ちを考えたデザインを行える。

観察結果をプレゼンで使う

サービスに不満を抱くユーザーの様子をまとめたハイライト映像を作成し、それをプレゼンで示しても、ステークホルダーがすぐユーザーに共感してくれるようになるわけではない。効果的なのは、ユーザーが苦戦している様子をそのまま映した5分間の動画を使うことだ。動画を作るときは、テスト中のユーザーの顔と画面を同時に映すようにしよう。ステークホルダーはいたたまれなくなるだろうが、その気まずさが重要なのだ。

感情のデータをマッピングする

プロダクトを使っている実際のユーザーを観察し、気持ちに関するデータがたくさん集まったら、それを適切な形で記録することが大切だ。お勧めなのが、データを"ユーザーの感情マップ"に載せて提示するという方法。さまざまなステークホルダーに問題をわかってもらうには、とても効果的なやり方だ。

マップはデータ収集のテンプレートにもなる。テストを受けたユーザーにマップを見せ、プロダクトの感想を聞こう。そうすれば、定性的な要素を定量的に測定できる。

プルチックの感情の輪

データ収集のベースには、ロバート・プルチックの感情の輪を使うといい[4]。このマップの一番の長所はシンプルさだ。感情を測定する理論はいくつもあるが、気持ちの強さには段階があり、基本の感情が組み合わさって別の状

＊4 Plutchik, Robert. *Emotions and Life: Perspectives from Psychology, Biology, and Evolution.* Washington, DC: American Psychological Association, 2002.

態を生み出すという部分は一致している。たとえばプルチックの感情の輪では「受け入れ」と「危惧」が組み合わさって「服従」を作り出す。感情の色合いの全体像を理解し、顧客の体験を言葉で表すには、感情の輪は実に便利だ。それに、感情の正確な記録は、表面的な記録よりもはるかに強力だ。「4人のユーザーが怒っている」よりも「2人のユーザーが怒っていて、1人は激怒のサインを見せていた。そしてもう1人は嫌悪と憎悪の境目のところにいた」のほうがはるかに詳しい（図6-3参照）。感情を正確かつ段階的に表す能力は、デザイナーの心強い味方になる。

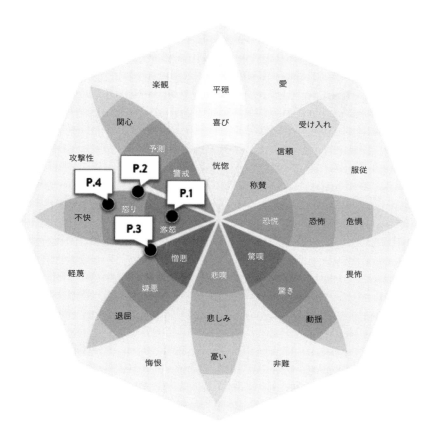

図6-3　プルチックの感情の輪を使ったテスト参加者の感情のマッピング

カスタマージャーニー

　もうひとつ、感情をマッピングしてステークホルダーに提示するのに最適なのがカスタマージャーニーだ。これを使えば、体験の各ステップでの感情の状態がよくわかる。チーム全員で作ったカスタマージャーニー・マップは、ステークホルダー同士の連携や、ユーザーへの共感を生み出す鍵になる。プロジェクトに関わるすべてのステークホルダーを招き、半日かけてマップを作成しよう。人数が多いほど楽しいはずだ。

　カスタマージャーニー（あるいはエクスペリエンス・マップ）の多くは、ユーザーがこなすタスクをリスト化するためだけに使われているが、利点はほかにもある。一覧化した主要アクションやタスクに対応したユーザーの気持ちも浮き彫りにできるのだ。だからユーザーのペインポイントを明らかにし、デザインを活かせる機会を見つけ出せる。自分ではなくお客の目で体験を見つめながら、一番大きな機会が眠っている場所を突き止めよう。

　カスタマージャーニーの作り方はいろいろあるが、This Is Service Design Thinking が提供しているテンプレートがとても優れていてお勧めだ（図6-4参照）。

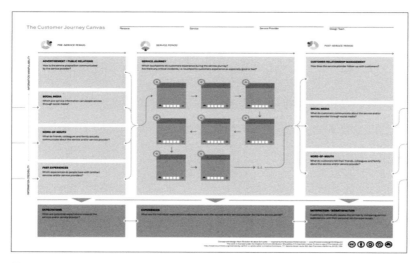

図6-4　This Is Service Design Thinking のカスタマージャーニー・キャンバス††16

UXデザイン／コンサルティング企業のAdaptive Pathも体験のマッピング方法を無料で教えている (図6-5参照)。最後に、今あるさまざまなジャーニーマップやダイアグラム、ブループリントを網羅的に概観したいときは、ジェームズ・カルバックの『Mapping Experiences (仮題：マッピング・エクスペリエンス)』(O'Reilly) を読んでほしい。

　共感的なデザインを職場に導入する上で、一番の壁になるのは同僚の共感というものに対する考え方かもしれない。デザイナーの中には共感を「感傷」や「なれ合い」、あるいは実際の仕事にはなんら影響しない、ただの気休めだと考えている人がいる。しかしここまで見てきたとおり、共感は正しいプロダクトを作るのに不可欠のツールだ。では、それを仲間にわかってもらうにはどうすればいいか。鍵は……やはり共感だ。しかしみなさんはもう、ステークホルダーに共感するにはどうすればいいかがわかっていると思う。

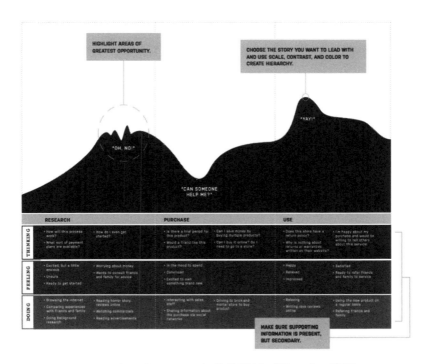

図6-5　Adaptive Path のエクスペリエンス・マッピング・ガイドより、体験マップの一例††17

ステークホルダーの所属部署はどこで、どんな価値観を持っているか。ケーススタディや成功した過去のプロジェクトに重きを置く人もいるだろう。データを重視する人には、ユーザーの気持ちがデータの元になっていると説明すればいい。Google や IDEO、Facebook といった、共感を有効活用している企業を紹介してもいい。それでも手応えがなければ率直に訴えよう。共感こそが自分の仕事の目的であり、共感に関する本を読んだので一度使ってみたいと全員に訴えるのだ。そして試してもらい、改善に向けた感想を募ろう。

結論

この章では、適切なデザイン・ソリューションを生むには、ユーザーへの共感が大切だと訴えてきた。それでも、ユーザーリサーチというきちんとした根拠のない共感にはリスクがともなう。私たちデザイナーは、ユーザーのやる気を刺激する方法や反応を引き出す方法、考えや行動を予測する方法などとっくに承知だと思い込んでいる。しかしユーザーリサーチが土台にない共感は間違った共感で、ユーザーの実際の望みや体験を考慮すべき部分に、自分の考えや好みを当てはめているだけだ。人間には、自分で自分をだまし、自分の望みはみんなの望みだと思い込むくせがある。そのことは『Journal of Marketing Research』誌に載った研究でも指摘されている[*5]。研究では、マーケティングマネージャーを2グループに分け、標準グループには顧客の望みを予測し、自分の共感のレベルを評価するよう指示した。もうひとつのグループにも同じ指示を与えたが、こちらはまず共感するために、典型的な顧客像を描き出して、その人物の考えや行動をイメージしてほしいと伝えた。調査チームの一員、ジョハネス・ハットゥーラ教授は『Harvard Business Review』のインタビューで、結果についてこう話している。

＊5 Hattula, Johannes D., Walter Herzog, Darren W. Dahl, and Sven Reinecke. "Managerial Empathy Facilitates Egocentric Predictions of Consumer Preferences." *Journal of Marketing Research* 52:2 (April 2015): 235–252.

＊6 Berinato, Scott. "Putting Yourself in the Customer's Shoes Doesn't Work: An Interview with Johannes Hattula." *Harvard Business Review* 93:3 (2015): 34–35. [†††40]

結果は一定していた。共感を求められたマネージャーのほうが、自分の好みを
判断材料にして顧客の望みを予測する傾向が強かった*6。

　共感するよう言われたマネージャーのほうが、自分の好みやバイアスを使ってユーザーの望みを評価したり、行動を予測したりしがちになる。これは無数の会社で起こっている現象だ。ユーザーのことはよく知っているし、思考や行動もわかるという思い込み。しかし「デザイナーはユーザーじゃない (You are not the user)」という言葉があるように、ユーザーを知らなければ、こうしたありがちな罠にはまってしまう。先ほどの調査が、この考え方の重要性を物語っている。"ユーザーの代わりに"考えるだけでは、自分のためにデザインしているのと変わらないし、危険だ。ポイントのずれた解決策をデザインしかねないし、自分の考えと矛盾する証拠に見て見ぬ振りをするようにもなる。ハットゥーラ教授の言葉をもう一度紹介しよう。

もうひとつ注目すべき大きな発見が、共感を求められたマネージャーのほうが、
我々が提供したマーケットリサーチの結果を無視しがちだったことだ。

　つまり、根拠のない共感は2つの意味で危ない。まず、自分をだましてユーザーの望みをわかっていると思い込むようになり、次に、矛盾する証拠を撥ねつけるようになる。これは破滅のレシピだ。それでも多くのデザイナーが、締切に合わせよう、ステークホルダーの要求を満たそうというプレッシャーの中、このレシピに従って調理を続けている。この罠を避けるために大切なのは、リサーチを元にユーザーの思考や行動への理解を深めることだ。この章の情報がビジネスの成功に欠かせないのは、そこに理由がある。ユーザーを理解してはじめて、ユーザーを傷つけないだけでなく、彼らのニーズを本当の意味で満たす正しい方向へ進むことができる。

この章のポイント

1. ｜ 自社のプロダクトを嫌っている人を探すほうが、知らんぷりをするよ

りはるかにマシだ。

2. | 社内の人間にユーザーのことを考え、共感してもらうには、ハードな
データで頭をいっぱいにしてはいけない。

3. | リッカート尺度を使ったデータは PowerPoint を使ったプレゼンに
は便利だが、プロダクトを実際に使っている様子を観察して集めたデ
ータが、5種類の回答にぴったり当てはまるとは限らない。

4. | 人間の表情に表れる普遍的な感情は7種類あり（嫌悪、怒り、恐怖、悲しみ、
喜び、驚き、軽蔑）、表れ方はマクロな（たいていは0.5秒から4秒続く）ものとミ
クロな（無意識に表れ、0.5秒も続かない）ものがある。

5. | 感情の正確な記録は、表面的な記録よりもはるかに強力だ。「4人のユ
ーザーが怒っている」よりも「2人のユーザーが怒っていて、1人は激
怒のサインを見せていた。そしてもう1人は嫌悪と憎悪の境目のとこ
ろにいた」のほうがはるかに詳しい。感情を正確かつ段階的に表す能
力は、デザイナーの心強い味方になる。

6. | 感情をマッピングしてチームに提示するには、体験の各ステップの感
情を示したカスタマージャーニーを作るのが最適だ。

Interview —— **Erika Hall** (Mule Design)

これから紹介するのは、Mule Design のエリカ・ホールへのインタビューを
書き起こしたものだ。

1. デザインが私たちの生活に一番大きな影響を及ぼすのはどの部分でしょうか？

いくつかある。まず、大きなもので私もときどき話すのが機会の無駄遣いだ。
デザイナーが悪いことに時間をかけていると言いたいわけではない。本当の問

題をつかめていないことが問題だ。だから私は、このテーマで本を書き、改善に取り組み、数多くのスタートアップの文化を調査している。頭がよくて才能も豊富な人が、本当の問題の解決につながらない、くだらないことに時間を費やしている。公共の利益を考えろというのではなく、実用的な製品やサービスを作ってほしいのだ。だから私は、無駄そのものが不道徳だと考えている。「何か役に立つこともできるけど、ちょっと試しに時間とスキルを使って遊んでみようじゃないか。何かを達成しようとか、成功を収めようなんて考える必要ないね」という思考。デザインには、こうした無駄な側面がある。

2. あなたにとって、テクノロジーの目的はなんですか？

　テクノロジーに目的はない。人間の行動はどれもある意味でテクノロジーだ。書くことや読むことも、見方によってはテクノロジーと言える。肝心なのはテクノロジーにどんな方向性を与えるか。テクノロジーの本質はツールだ。ハンマーは用途があってはじめて意味を持つ。

3. では、デザインの目的はなんですか？

　デザインは、ものづくりの技術の成熟が前提にある。たとえば人間は長い時間をかけて家を建て続け、それから建築を考えるようになった。長い時間をかけて新聞を作り続け、やがてグラフィック・デザインが重視されるようになった。作る技術が成熟するまでデザインは存在しない。デザインとはものづくり、あるいはプロセスをもっと高いレベルで考察することだ。デザインとものづくりを一緒にして考えてはいけない。デザインを話題にし、本当の意味でのデザインをしたいなら、手がけているデザインの影響を考えなくてはならない。デザイナーはそれを考え、ときにはリーダーシップを取る義務がある。影響を考えない人間はデザイナーを名乗るべきではない。それはただものを作っているだけだ。たとえば誰かから製品概要を渡されてこう指示されたとする。「デートアプリを作ってほしい。インターフェイスは魅力的に。だけどこういうこともするから、この機能も加えてくれ」。このとき、ただ指示を受け入れてアプリの

体裁を整えるだけで影響を考えない人間、つまり言われたことをこなすだけの人間は、自分をデザイナーと思ってはいけない。こうしたやり方を無意識に続けると、ひどいデザインが生まれる。物事を意識的かつ意図的に進めるスキルと知性を持った人間がそれをできていない。別の誰かの計画を達成するためだけに自分のスキルを費やしている。

4. そうした状況に陥るのを避けるためのアドバイスはありますか?

　一番は意識すること、つまり本気でこう考えることだ。「自分は本気でこのプロダクトを世に送り出すつもりだ。本気で"承認"する」とね。これからはもう、受け身の姿勢でただ言われた役割をこなすだけでは足りない。消費者はデザインやデザインの影響を今まで以上に重視するようになっている。だから私たちも「言われたことはすべて受け入れ、手元の素材でなんとかする」という考え方から脱却しなくてはならない。新しいものを世に送り出そうという人間は、自分なりの視点を持たなくてはならない。私も以前はこう自問した。「いいデザイナーの素養は何か」と。そうした強力な視点が、卓越したスキルよりも心強い武器になった。強力な視点と卓越したスキルの両方を兼ねそなえたデザイナーもいる。たとえばロゴデザイナーのポール・ランド。彼は飛び抜けた技術と確固たる視点の両方を持ち合わせている。キャリアアップを考えているデザイナーにとって、確かにスキルは必要な能力のひとつだが、同時に自分なりの価値観を見つけることも大切だ。

5. 視点を確立するために必要なことはなんですか?

　自分の仕事の影響を理解し「スキルを使ってどう世界を変えたいか」のビジョンを持つこと。これに尽きる。変化は小さくてもいい。有名デザイナーになる必要はない。必要なのは意識的に自分が選んだ問題に取り組み、スキルを活用することだ。デザインには必ず作り手の価値観が表れる。だからまずは価値観を明確にしなくてはならない。「お金持ちになりたい」でも「情報をもっとわかりやすく伝えたい」でも、なんでもいい。後者はデザインの最もすばらしい側

面と言えるだろう。物事の意味を明確にし、理解しやすくすれば、混乱して間違った選択をする人もいなくなる。誰もが自分で何かを決める力を手に入れられる。優れたデザインにはそうした力がある。

6. Mule Design はどのような視点を持っているのでしょうか?

我々も確固たる視点を持っているが、仕事の中心は書くことだ。各種トレーニングも始めているし、クライアントからプロジェクトを請け負ったり、学校では教えないことを教えたりもしている。RISD のような学校には哲学科があって、哲学の講義が行われているが「デザインスクール」で教わるのはグラフィック・デザインやデザインの歴史、レイアウトの方法、インターフェイス・デザインの原則などで、もっと大きな視点で物事を捉えるスキルは教えてもらえない。それこそ、私たちが「Dear Design Student」[†64]のシリーズや書籍で目指しているものだ。つまり、ブログや本を通じて若いデザイナーにツールを提供したいと思っている。学校を出たデザイナーは「仕事があるだけでラッキーだし、何でもやる」とか「楽しそうなプロジェクトに携わりたい」と考え、「正しいとは思わないけど、なぜ正しくないかをうまく説明できない」とか「断るだけの実績がない」とは考えない。デザイナーはみな、そうした場面のためのスキルを身につけるべきだ。プロのデザイナーは他人のデザインを批評する。だから自分のデザインは擁護しなくてはならないが、そのやり方がいかにも小さい。そうではなく、クライアントという大きな存在を頭に入れて、デザインを擁護し、批評してほしい。まわりと協力し合うのもデザイナーの仕事のひとつだが、多くのデザイナーはその訓練を受けていない。だから「自分の手でデザインする」と考えるが、本当はそれではいけない。デザインは頭と知恵を使って行うべきだ。手はその次であって、アイデアを表現する手段に過ぎない。デザイナーに自分の力に気づいてもらい、意思決定の影響をただ話し合うだけでなく、話し合いを主導できるようになることも、私たちの目標だ。

7. 倫理的に正しい選択をするために、現場のデザイナーにできることはなんですか?

デザイナーにとって、調査は「新しい情報を手に入れるためのもの」ではなく、コンテクストをはっきりさせ、理解するためのものだ。自分の仕事のコンテクストを見つめてほしい。ユーザーの現在の振る舞いや競争環境など、もっと広い世界に目を向けてほしい。そうやって、まずはいわゆるリサーチと呼ばれるものから始めれば、問題を完全に把握するための背景情報が手に入る。この作業を怠ってはいけない。どんなに革新的なものを作っていても、現実の世界にフィットしなければ意味がない。自分以外の倫理観の低い誰かのために働かされているなら、仕事を変えたほうがいい。

8. プロダクトづくりに関わるデザイナー以外の人へのアドバイスはありますか?

自分の価値観と、自分がその仕事を請け負っている理由を考えてほしい。自分にとっての成功とは何かを考えてほしい。それを頭に入れておけば、つらくはないけど不条理な仕事をもっと正しく評価できるようになる。最高のお手本が Slack の創業者、スチュワート・バターフィールドだろう。彼は哲学の修士号を持っている、非常に頭がよくて思慮深い人間だ。彼のものの考え方や意思決定の仕方は、デザイナーにとってすごく参考になる。最近は「ゲーミフィケーション(gamification)」とかいう恐ろしいものがはやっているが、スチュワートは、ゲーム会社を作り、おもしろいゲームを作り、そのゲームのどこがおもしろいのかを明らかにしてきた。つまり、今のはやりとは逆の流れを辿ってきた。Flickr でも、Slack でもそのやり方を貫いている。はやりに乗る人たちよりもはるかに賢いやり方だ。何かおもしろい社会的インタラクションを見つけ出し、それを便利なプロダクトに応用できないかと考える。ほとんどの人は、不安や恐怖に駆られてほかの人の真似をしようとし、結果として失敗する。しかし本当は、製作のプロセスへの自信と信頼を抱き、何かレベルの高いもの、長く続くものを作りたいと考えるべきなのだ。

第7章

私たちにできること

　一番難しいのは、読者のみなさんを説得することではない。なぜなら、この本を手に取り、ここまで読んできた時点で、みなさんはすでに優れたデザインを選ぶことの大切さをわかっているはずだからだ。ぼろ家付きの土地を買ったとき、新しい家を手に入れる方法は2つある。ひとつが古い家を壊して建て直す方法、そしてもうひとつが、古い家と自分がほしい家の差を考えて、足りない部分を足す方法。この場合、完全に建て替えるほうがはるかに簡単だ。社員の考え方や仕事の進め方を変えたいときも、同じことが言える。つまり、まずは既存の考え方を破壊して、新しい考え方を一から吹き込む。新しい信念に従って行動するのはまったく難しくない。この本では、デザインが生活に与える影響を見ながらデザインの迷信を打ち砕いてきたし、みなさんもそれはもうおわかりだろう。難しいのは、まだ心を動かされていない人を説得し、既成概念を打破することだ。上司のデザイン観や職場の政治、そして国の政治。こうしたものを変えるのは難しいが、不可能ではない。そして変化は、いったん起こせば自然に加速していく。

誰にでもできること

　デザイナーに向けて話す前に、まずはこの本を読み、デザイナーの役割に関心を持っているすべての人に向けて語りたい。この本のアドバイスを友人や同僚に伝えてほしい。

　変化の最大の敵は自己満足だ。そして、すでにあるものを変えるのは、一から作るよりも労力が要る。だから私たちはたいてい、システムはひとまず

あと回しにして、日々の変革に取り組むようにしている。覚えておいてほしい。大きな変化は小さな変化がきっかけで起こる。まずは毎日、毎週何かをしよう。そうすればやがて変化が起こる。

｜ 投票へ行く

政治に熱心な市民になると、変化のための大きな力が手に入る。民主主義社会では、誰もが国のあり方に関する意見を持っている。アメリカで投票率がわずか50%、高い国でもせいぜい80%強なのを考えれば[*1]、ただ投票に行くだけで、行かない人よりも声を届けられる。

信じられないかもしれないが、実はユーザー・エクスペリエンスに関する法律があって、その多くはすでに施行されている。たとえばアメリカのリハビリテーション法第508条では、すべての政府系ウェブサイトはさまざまな障害を持つ人がアクセスできなければならないと定められている。このおかげで、政府と電子的にやりとりするすべての市民が除外されずに済んでいる。

法案を通過させることも難しいが、それよりも問題なのは法律の運用の仕方だ。たとえば、健康状態の電子記録はユーザーリサーチによる裏付けが必要であるという法律は、施行してもうまく機能しないだろう。ユーザーリサーチが実施されたことをうまく証明する方法がないからだ。私たちはこれからも、ユーザビリティに関するもっと優れた法律が施行され、それが正しく運用されるよう努力を続けなければならない。

｜ 声をあげる

人はたいてい、黙って苦しむ。こんなの間違っていると思いながら、口にしない。口に出しても上に立つ人の反応は芳しくないと思っている。それで

＊1　DeSilver, Drew. "U.S. Voter Turnout Trails Most Developed Countries." Pew Research Center, August 2, 2016. †††41

も私たちの経験から言えば、声をあげるだけで大きな影響がすぐに表れる。多くの人は、ひどいデザインの悪影響に気づいていないだけなのだ。自分の視点に囚われ、ほかの人がどれだけ困っているかが想像できない。日々の生活で忙しく、デザインに注目する余裕がない人もいる。彼らはみな善良な人たちだ。だから問題を取り上げるだけで解決しようという気になる。すぐ納得してもらうのは無理でも、少なくとも問題を意識してもらえる。大切なのは、一回であきらめないこと。優れたデザイナーは壊れたレコードのようなものだ。同じことを何度も何度も耳にしているうちに、いずれ必ず、周囲も問題の重大さに気づくようになる。

　問題を風化させないよう、影響力のある人物に言い続けることもすごく大切だ。一見動きがないように見えても、時間がたてば向こうが折れるときがやってくる。

　人を傷つけるひどいデザインを仕事で見かけたときは、手をあげよう。政府のウェブサイトへ行って、清算方法を理解するのに2時間かかったなら、メールを出してそのことを伝えよう。病院で危険なデザインのソフトウェアを目にしたら、管理部宛に投書をしよう。オンラインでハラスメントを受けた友人がいたら、カスタマーサポートに苦情を訴えよう。そうやって声をあげるたび、今まで陰になっていた部分に日が当たり、その光が変化を起こす。なんとかしなくてはならない重要な問題だとみんなが気づく。

ほかの人を助ける

　先ほども言ったように、変化を起こすのは難しいし時間がかかる。落ち込んだり、努力がまったくの無駄に思えたりするだろう。だからこそ励まし合い、助け合うことが必要だ。誰かが声をあげたら必ず助けよう。会社の誰かがユーザビリティの改善を訴えていたら、その人を励まし、あなたがやっていることはすばらしいと請け合おう。組織の経営者が変化を起こそうとしているのがわかったら、感謝の言葉を伝えよう。感謝の言葉は美しく簡潔なツールだ。努力を認めるという単純な行為が、情熱の炎を燃やす燃料になる。

　財政面で支援する方法もある。たとえば、似たような商品がいくつかあっ

たら、アクセシビリティの高い会社のほうから買い、選んだ理由を伝える。お金はエネルギーだ。お金を提供することで、相手はもっといい仕事をできるようになる。

手本を共有する

もうひとつ、がんばっている人をシンプルかつ簡単に助ける方法が、その取り組みを多くの人に伝えることだ。変化を起こそうとしている組織やイベント、ウェブサイトを見つけたら、その情報を友人や知り合いと共有しよう。手順は想像がつくと思う。SNSで共有したり、興味のある友人にメールしたり、運営者と似た考えを持つ人を紹介したり、ソーシャルニュースのサイトに上がった投稿に好評価を付けたり。そうすることで彼らの存在感が際立つようになり、ときには競合他社も追随する。

自分で会社を立ち上げる

変化を起こすには、常識を越えるものを自分で作るのが一番いいときがある。IT業界ではこれを「破壊（Disruption）」と言う。誰かが新しく市場に参入してきて、すべてをひっくり返すようなはるかに優れたプロダクトを提供し始めれば、大きくなりすぎた業界の古参はスピード感のある変化を起こせず、シェアをすべて食われる。適者生存の法則だ。環境の変化に対応できない種は絶滅する。そして誰かがいなくなれば、その分だけ枠が空く。

今、少人数で何かを始めて大きな敵に挑むことが、かつてなく簡単になっている。世界各地で、新興のスタートアップが数十億ドル規模のライバル企業に立ち向かっている。変化の過程を自分の目で見てみたい、あるいは市場に食い込むチャンスがあると思う人は、ぜひ新しい何かを始めてほしい。世界は、ユーザー・エクスペリエンスを大切にする起業家、人を傷つけるプロダクトに足りていない、優れた体験を提供できる人材を必要としている。うれしいことに、今のユーザーは、機能が充実しているかよりも、優れた体験が味わえるかを重視してプロダクトを選ぶ。こんなにも起業しやすく、失

敗が当たり前の時代はかつてなかった。失うものは何もない。

┃ 実際に共感する

　気づかないうちに人を傷つけかねない振る舞いを変えたいなら、一番いいのは実際に共感することだ。"同情"、つまり困っている人を哀れに思うだけでは、自分やプロダクトを変えるには足りない。意図せず傷つけるのを防ぐのに必要なのは、"共感"、つまり相手と同じ気持ちになることだ。共感はデザイナーだけがやればいいものではないが、優れたデザインのプロダクトを作りたいなら、使う人を心から理解しなくてはならない。たとえばジョナサンは、新規顧客の獲得プロセスのデザインを任されたとき、よくある課題に行き当たった。登録を考えている人の中に、メールのアカウントを持っていない人がいたのだ。シリニンバレーで育った人間には理解しがたい話だし、こうした人たちをターゲットから外したくなる気持ちはわかる。しかし、そうした人たちはテクノロジーブームに乗り遅れたユーザーで、多くがコンピュータがなくてもなんとかやっていけるし、今さら使い方を勉強するのは手間だと考えている。そのほかにも、子どももメールアドレスは持っていない。

　こうした情報を得たジョナサンは、オフライン向けの申し込みフォームをデザインし、申込用紙の回答をスタッフが入力する方式を考え出した。共感を活用して課題に取り組んだことで、もっといい解決策が見つかったわけだ。

┃ 人はみなデザイナー

　デザイナーが作るのはたいていプロダクトのインターフェイスだが、デザイナーではない人の場合、デザインを通じてできあがるものは多岐に渡る。ウェブサイトに載せる料理のメニューを Flash で作ってはみたものの、アクセシビリティがイマイチというレストランの従業員の人もいるだろう。あるいは、自社の広告が消費者を傷つけ、のけ者にしていると感じる車の営業マンもいるだろう。会社の方向性を決める立場にあるエグゼクティブの人もいるかもしれない。その方向性は、ユーザーのニーズを第一に考えたものだろ

うか。それとも誰かをのけ者にし、傷つけるものだろうか。スプレッドシートの作成でさえ、他人が使うものを作るという意味ではデザインだ。エンドユーザーの存在を常に頭に入れながら、ただ「仕事をこなす」だけで済ませないようにしよう。そして一歩先へ進んで、他者の体験の改善を目指そう。

デザイナーにできること

　私たちデザイナーには、ユーザーをひどいデザインから守る大切な役割がある。私たちには知識があり（あるはず！）、そして知識がある人間には、ユーザーのために正しいことをする責任がある。簡単ではないが、デザインがかつてなく必要とされているこの時代には、どんな状況でも全力を尽くす義務がある。テクノロジーがますます生活に浸透するなかで、テクノロジーを理解し、使いたいというニーズは最高潮に高まっている。

｜ 必要とされている場所で働く

　この本をここまで読んできたあなたは、変化のための行動を心がけるデザイナーに違いない。あなたのような人材を求めているのは、今までデザインが軽視されてきたが、今は最重要視されている業界だ。大ざっぱな言い方だが、私たちはあなたを必要としているし、この仕事にはやりがいがある。一見つまらない仕事、たとえば友人が理解も利用もできない商品を作る仕事に就いたとしても、それは同時に、あなた次第で優れた商品に変えられるという意味でもある。あなたのようなデザイナーが、医療業界には必要だ。この業界では、インフラの老朽化が進み、組織構造は肥大化し、患者や患者をケアするスタッフのことを考えたデザインの改善を行おうにも、メーカーとの提携が足かせになる。政府組織にも必要だ。そこでは官僚主義と資金不足、そして難解な手続きが行く手に立ち塞がる。教育や科学、航空、自動車業界、ビジネス・トゥー・ビジネスのソフトウェアにも必要だ。どの業界にも、壊すべきその業界なりの壁があり、そして壁を壊すことで獲得できる潜在ユーザーがいる。時間は貴重で、そして人間は時間の大半を仕事に費

やす以上、自分が貢献できる職場を選ぶことが重要だ。ユーザーを被害から守り、テクノロジーにアクセスできるようにし、デザインを通じて世界をもっといい場所にしたいと強く感じるなら、行く手には今言った課題が待ち受けているが、同時に、そうした人には勝利も約束されている。

｜ 声をあげる方法を知る

　声をあげるのは、シンプルながら非常に効果的な変革の手段だ。口に出せなかった想いをくみ取り、具体的な言葉に変換しよう。声をあげれば、まわりの人間も問題に対処するしかなくなる。関係者の頭に入り、検討せざるを得なくなる。無視され続けても、問題はやがては大きくなって具体化する。光が当たり、しかるべき注目が集まるようになる。上司が驚くような言葉を口にすることもある。たとえばジョナサンは以前、直接の上司からダークパターンを使って会社の購入フローをデザインするよう言われて苦しんでいた。ミーティングが終われば、デザイナー同士でぐちを言い合うのが常だった。ところがある日、ジョナサンがその問題を取り上げ、これはダークパターンだと指摘し、データで補強しながらやり方を変えるべきだと訴えたところ、上司は喜んでその言葉を聞き入れた。

　善良な人間は、正しいデータを否定しない。多くの場合、彼らは自分の仕事がユーザーを傷つけていると知らないだけだ。だから取り上げれば気づく。ミーティングで声をあげ、検討を促すメールを送り、プレゼンを行い、なんとかして問題への意識を高めよう（ここでは上司がいる想定で話をしているが、もしあなた自身が上の人間なら、スタッフに変化を求めるのが仕事になる）。

｜ 立ち上がる

　ユーザーの被害が深刻かつ重大な場合は、ただ声をあげるだけではなく、立ち上がらなくてはならない。プロダクトのデザイナーには、自分が行った仕事に対する責任がある。深刻な被害を見過ごしてはいけない。立ち上がろう。確かに仕事を失うのは怖いが、倫理観を失うほうがもっと怖い。この

本で紹介したプロダクトのデザイナーたちは、自分が作ったものが人の命を奪ったり、人を傷つけたりしたと知って、何を感じただろうか。人の一生は短い。だからこそ倫理観を曲げては生きられない。仕事の代わりは見つかる。無職のあいだは心が焦るかもしれないが負い目は感じずに済む。先ほども言ったとおり、上の人間は信念を持っている部下を大切にする。上司があなたを驚かせることだってあるのだ。

| すばらしいデザイナーになる

　世界は、かわいいインターフェイスを作る人間をもうあまり必要としていない。求めているのはすばらしいデザイナーだ。私たちは、よく考えながら体験を作り出せる人材を必要としている。優れたデザインを生み出すには、まず優れたデザイナーにならなければいけない。デザイナーとしての腕を上げるためのヒントをいくつか紹介しよう。

1. ワールドクラスのコミュニケーションの達人になる

　これはどの仕事にも言えることだが、デザイナーの場合は特に重要だ。コミュニケーション能力は、デザイナーの成功の決め手になる。デザイナーの仕事のあらゆる場面で、コミュニケーション能力は必要になる。プロジェクトの要件をステークホルダーと話し合うとき、クライアントを相手にプレゼンを行うとき、チームでブレインストーミングを行ってアイデアを出すとき、デザインを批評するとき、そしてもちろん、デザインしたインターフェイスを通じてユーザーと意思疎通を図るとき。コミュニケーション能力はデザイナーに不可欠だ。天才的なアイデアも、それを共有し、売りこむ方法がわからなければ宝の持ち腐れになる。コミュニケーションを取る相手はユーザーだけではない。ユーザーの代弁者を務めるには、まわりのチームメンバーとコミュニケーションを取って、ビジョンを理解してもらう必要がある。コミュニケーションは、トレーニングに時間を費やすほど効果が上がる、最も見返りの大きい能力だ。

　『Articulating Design Decisions（仮題：デザイン判断の伝え方）』（O'Reilly）の中

で、著者のトム・グリーバーはすばらしいアドバイスをデザイナーに送っている。グリーバーは、デザインの準備の仕方、提示の仕方のプロセスを解説しつつ、もっと重要な点を指摘している。それは、デザイナーはステークホルダーの視点を理解し、彼らに共感する方法を知らなければ目標を達成できないという主張だ。内気な人は Toastmasters の講座を受けてみよう（Toastmasters は、スピーチやリーダーシップのスキルを広く一般に教える非営利の教育団体で、世界中にネットワークを持っている[65]）。身内で、できれば地域の集まりで、プレゼンテーションの練習をしよう。慣れてきたら、今度はもっと大きな場でスピーチをしてみる。テーマがデザインだけに限らないイベントを探そう。そうしたイベントには、おもしろい話題をざっくりまとめた場が用意されていることが多い。

2. ユーザー中心のデザイン（User-centered design、UCD）手法を使う

デザインは誰にでもできる。必要なのは（ジャレド・スプールの簡潔な定義を拝借するなら）想いを表現することだけだ。それでも、優れたデザイナーにはユーザー中心の考え方が必要だ。デザイナーは民間企業で働くことが多いから、まずビジネスニーズを満たす解決策をデザインし、それからできる限りユーザーのニーズも盛り込む（少なくとも、ユーザーに与えるショックを和らげる）という順番を選びやすい。しかし実は、ユーザーに焦点を当てたほうがビジネス面でのメリットも大きい。お金を払うのは、結局のところユーザーなのだから。どんなデザイナーにも上司がいる（あなた自身が誰かの上司なら別だが。その場合、すでにユーザー中心のデザイン手法を採用しているだろうか）。そしてあなたに小切手を切るのはその上司だ。しかし、上司にも小切手を切る人間がいる。違うだろうか。まずはユーザーのニーズを優先し、ビジネスニーズはその次にしよう。

もっと大切なのは、UCD の手法を学ぶことだ。このテーマを取り上げた本を探そう。キャシー・バクスターとキャサリン・カレッジの『Understanding Your Users（仮題：ユーザーを理解する）』、キャロル・リギとジャニス・ジェームズの『User-Centered Design Stories（仮題：ユーザー中心のデザインストーリー）』（どちらも Elsevier/Morgan Kaufmann）がお勧めだ。

3. データを武器にする

データを持たないデザイナーは、目が見えないも同然だ。デザインの判断は、できる限りデータに基づいて行おう。一番いいのは、ユーザーから集めた実際のデータを用意することだ。無理ならベストプラクティスや誰かの体験、実体験、見聞きした体験などに基づいた仮説を用意しよう。「武器」の質が上がるほど威力も高まる。どんなデータが必要かを前もって決め、プロジェクトの最初と最後に集められるようにしておこう。データは優れたデザインの素材であり、評価基準でもある。こうした考え方に、高いコミュニケーション能力を組み合わせることができれば、社内のデザイン観も変わっていくはずだ。データに基づいたデザインについてもっと知りたい方は、ジェン・マトソンの「Data-Informed Design」を見てみてほしい[†66]。

4. 学ぶ姿勢を忘れない

自然界の法則として、デザイナーも成長しなければやがては腐る。あらゆる機会を活用して学び続け、決してうぬぼれないようにしよう。学ぶ姿勢を持っていれば、プロジェクトが失敗しても教訓にできる。ほかの人からも学ぼう。あなたが抱えている問題を誰かが解決したら、方法を尋ねよう。成功している人を見つけたら、何が秘訣かを考えよう。ただ、人は学ぶほうに夢中になり、メモを取るのを忘れてしまうときがあるので、思いついたことや、日々学んだポイントを書きつけるノートを常に手元に置いておこう。

ほかにもやっておくといいことは多々ある。デザインのコミュニティに加わる、ほかのデザイナーの考えを知る、最新のニュースやツールに常にアンテナを張っておく、ほかのデザイナーの仕事から学ぶ……。出発点にちょうどいい、個人的に気に入っているリソースをいくつか紹介しよう。

- designernews.co[†67]
- medium.com[†68]
- smashingmagazine.com[†69]
- uxbooth.com[†70]
- uxmag.com[†71]

集めた情報を取り込むのも大切だが、学習は実行とセットだということも忘れてはならない。学んだ内容を体に覚えさせるには、実際に使ってみるのが一番だ。何十年と続いているこの業界にも、まだ伸びしろはたくさんある。何世紀も生きているアカスギの樹が、さらに生長しているのと同じだ。

5. ほかの人に教え、指導する

優れたデザイナーは、学んだ内容を教えることで、学びの効果を何倍にも増幅させる。そのデザインを採用した理由を説明すれば、論理的な判断だと証明するだけでなく、ほかの人にも知識が広まる。最低でもあなたが何をしているかをわかってもらうことはできるし、情報が使えるようになれば組織もいろいろと助かる。教えれば、学んだ内容を自分の中で深め、強化できるから、忘れにくくなる。こうした教師としてのデザイナーを採用する企業は、社員がお互いに学び合いながら成長するなかで、投資を上回る大きな見返りを手に入れる。

デザインを仕事にしてしばらく経つデザイナーは、(機会があれば)新人デザイナーの指導役を務めよう。先輩と後輩の関係は、どちらにも大きなメリットをもたらす。

6. プロセスを磨く

どんな行為にもプロセスというものがあり、プロセスを構成するステップが結果に影響を及ぼしている。それはデザインも同じだ。プロセスがあればプランの精度が増し、正しいことを正しいタイミングでこなし、結果を予測できるようになる。結果は一定ではなく、実験を繰り返して改善していく必要があるが、影響する変数を調節しながら実験することで、何が結果を変えているかを正確に特定できる。プロセスの改善に時間を取れないという人もいるだろうが、それは考え方が逆だ。優れたデザイナーは、正しいプロセスがあってはじめていい仕事ができる。

では、正しいプロセスとはなんだろうか。モデルはいくつかあるが、各モデルに共通する重要な要素をピックアップしよう。

1. 問題の理解(ユーザーリサーチの実施、ステークホルダーが提示した要件の確認、関連データの収集など)。

2. コンセプトの探究(スケッチ、ワイヤーフレームやプロトタイプの作成など)。

3. 構築(UIやコード、スタイルガイドなど)。

4. 検証と分析(さらなるユーザーリサーチの実施や、データの咀嚼、イテレーション)

カール・アスペランドの『The Design Process(仮題：デザイン・プロセス)』(Fairchild Books)は入門編として最適だし、ダン・ロックトンの『Design with Intent(仮題：意図のあるデザイン)』(O'Reilly)も一読の価値ありだ。

7. 時間を取る

　私たちの経験から言うと、優れたデザインには時間がかかる。経験豊富な熟練デザイナーなら時間を短縮できるだろうが、優れたデザインから最高のデザインへ昇華させるには、やはり時間が必要になる。企業はデザインやアイデア創出のフェーズを急いで終わらせてしまいがちだが、これは危うい間違いだ。方向性を修正するためにプロジェクトをやり直さなくてはならなくなることも多いし、やり直しや修正は余計な時間を取られる。「2回測って1回で切れ(Measure twice, cut once)」という格言は、プロダクトのデザインにも当てはまる。プランニングとアイデア創出に時間をかけないと、企業の貴重なリソースを無駄にする。デザイナーが時間のすべてをコントロールするのは難しいかもしれないが、少なくとも許される限り時間をかけることはできる。まずは締め切り日を尋ね、必要な場合はもう少し時間がほしいと交渉し、それからプラン作りに入れば、問題の詳しい考察や、解決策の幅広い検討に時間をかけられる。デザイナーはたいてい「自転車操業」で、デザインはできるだけ早く提出しろと言われる。しかしまずはできるだけ(締切を頭に入れながら)時間を確保し、プランニングに力を入れるようにしよう。共感はある日突然、奇跡のように起こるものではない。共感は時間をかけることで可能になる。

8. 積極性を持つ

　機械の歯車のひとつになってはいけない。仕事に積極的に取り組もう。一緒に働く同僚を理解する。ユーザーのことを考え、必要とあれば依頼を拒否し、プロセスのすべてのステップに集中し、改善を試みる。「なぜ」「どうすれば」と自問し、耳にした意見を自分でも口にして、聞く耳を持っていることを示す。つまり、真剣に自分の仕事に取り組み、自分が携わっている開発プロセス以外にも関わろうということだ。

9. 一歩下がってみる

　これもまた、優れたデザイナーとすばらしいデザイナーを分ける資質のひとつだ。デザイナーは常にコースの修正を求められる。アイデアのヒントになるような刺激をいつも探している。だから、仕事の手をいったん休める時間を見つけ、一歩下がって考えるべきときがある。巨大なプロジェクトなら、途中で少し立ち止まって一歩下がり、プロジェクトの全体像を眺める。画家はそうやって全体の色合いのバランスを確認し、細部に囚われないようにしている。デザイナーにも同じ作業が必要だ。この機能は、体験全体の中でどんな役割を果たすのか。この機能は別の機能 B とどう関わるのか。そうした点を一歩下がって考えることで、コースの修正という大切な作業ができるようになり、仕事の精度が増す。

　燃え尽き症候群にかかったように感じている人もいるかもしれないが、心配は要らない。それはすべてのデザイナーが通る道だ。デザインはエネルギーを消耗する仕事で、ときには一歩だけでなく大きく下がり、キャリアを見つめ直すべきときもある。自分はどこへ向かっているのか。情熱にもう一度火を付け、燃料タンクを満タンにするために何かできないか。場合によっては、仕事や会社を変えたほうがいいときもある。新しいスキルを学び、自分自身でプロジェクトを立ち上げるという手もある。キャリアもプランとデザイン、テストを繰り返す一種のプロジェクトだ。積極性や意欲を保てなくなったデザイナーが、最高の仕事をし、ユーザーを守るのは難しい。

10. さまざまなことに手を広げる

　私たちの経験上、成功を収めているデザイナーのほとんどは実に好奇心旺盛だ。彼らは大人になった子どものようなもので、いつでも何かに疑問を持ち、立ち止まることがない。デザイナーには、無関係に思えるアイデアを組み合わせ、目の前の問題と関連づける能力がある。デザイナーはいろいろなことに手を広げ、趣味を見つけ、デザイン以外のものにも興味を持たなくてはならない。プログラミング、ビジネス、スピーチスキル、カリグラフィーなど、直接的な形でデザインに活かせるものもある。しかしほとんどの趣味は、デザインのヒントを与え、問題に対する斬新な視点を提供してくれる。それは趣味を持たなくては得られない刺激だ。

　興味がある話題について学ぼう。昔ながらのアニメの勉強をし、椅子の作り方やアルゴリズムの仕組みを知ろう。そうやって手を広げるほど、デザイナーとしても成長していく。デザインの対象である世界の見方が広がる。すると今度は、新しい経験や視点が不可欠な分野でそれを活かせるようになる。

11. 貢献する

　オープンソースは、プログラマーのためだけのものではない。誰もがオープンソースのソフトウェアに貢献できる。フロントエンドのコーディングのやり方を知っているデザイナーなら、見た目とユーザビリティの改善に広く貢献できるし、プロの仕事を提供することができる。それ以外のデザイナーも、たとえばHTMLの記述を増やしてプロジェクトのアクセシビリティを高められるし、見つけたバグを報告したり、詳細なフィードバックを返したりもできる。いろいろなプラットフォームでテストしてもいいし、会話や議論に加わってもいい。詳しく知りたい方は、Open Design Foundation[†72]を訪れてみてほしい。

　地域レベルで貢献する方法もある。自治体の会議や街の協議会、市主催のハッカソンなどに参加してみよう。

12. 誰が勝ちそうで、誰が負けそうかを考える

新しい機能を考えるときに便利なツールが「誰が勝ちそうで、誰が負けそうか」を考える方法だ。その機能が企業のことだけを考えたひどいものなら、うまくいく可能性は低い。逆にユーザーだけが得をする機能も、ユーザーを惹きつける力は上がるかもしれないが、長く成功を収めるのは難しいだろう。最高のデザインは、すべての人に勝利をもたらす。ウィンウィンの関係が作り出せる解決策を探そう。それが見つけ出せれば、大成功が待っている。企業のためのプロダクトは消えていくか、誰かを傷つける可能性が高い。新しい機能のデザインに取り組むとき、「誰が勝ちそうで、誰が負けそうか」を考えるようにすれば、こうしたシナリオを避けられる。

┃ この本を読むのをやめる (ただしもうちょっとあとで!)

そろそろ読むのをやめて行動を起こすときだ! この本で学んだ内容を、現場で実践してみよう。次の章では、問題解決の先駆者と言えるすばらしい企業をいくつか紹介する。優れたデザインを始めたい人にとっては、最高の出発点になるはずだ。しかしまずは、私たちから少しだけ宿題を出すことにしたい。

少し時間を取って、自分なりの行動計画を立ててみよう。

1. 情熱を傾ける対象を決める

この本では、ひどいデザインが実際に被害をもたらしている分野の中から、主なものをいくつか取り上げた。あなたはどのストーリーが一番心に響いただろうか。気になる話題や自分が実際に影響を受けている話題、大好きな話題を探してほしい。そして、時間を費やすに値すると思った問題を選んでみよう。

2. 時間を割り振る

問題の解決にどれくらい時間をかけられるかを決めよう。かけられる時間は、選んだ問題に対する熱意や状況の切迫度などで変わってくる。1週間

だけということもあれば、週に1日ということもあるだろう。人によっては、その分野を仕事にしたいと思ったかもしれない。選んだ問題を紙に書き、こだわりをもって取り組もう。問題解決に割り振った時間を、携帯電話のアラートに設定し、付せんをモニターの横に貼り、手の甲にメモしよう。そうすれば絶対に忘れないはずだ。

3. 場所を探す

あなたの助けを必要としている場所はたくさんある。非営利団体に支援を申し出てもいいし、コードを書いて公共プロジェクトに貢献してもいいし、次の章で紹介する各企業、あるいは世界中の組織の求人に応募してもいい。

4. 友人に話す

最後に大切なのが、まわりにもこの話題を広めることだ。ひどいデザインの本当の代償や、問題の解決を目指す取り組みについて情報を共有すれば、前進のスピードはもっと速くなる。デザイナーは、どうすれば自分が助けになれるかをよく考え、そして業界は、デザインの重要性と、デザインを正しく評価しなかったときの深刻な代償をよく考える必要がある。ひどいデザインの代償に関する記事をシェアしたり、自分で書いたりしてもいい。もちろん、私たちのウェブサイト[73]をまわりに紹介するのも歓迎だ。サイトでは、この本で挙げきれなかった実例も紹介している。デザインは人々の生活の重要な局面に大きな影響を及ぼしている。そのことをみんなにわかってもらうには、情報の共有がとても大切になる。

第8章

手本になる組織

　この本では、ひどいデザインが私たちに直接的な形で影響を及ぼすということを解説してきた。数多くのストーリーを紹介しながら、ひどいデザインがいかに人を傷つけるかを見てきた。しかし同時に、私たちデザイナーが世界をよくする「変化の代理人」になれることも訴えてきた。この章では、すでに最前線で活躍し、変化を起こそうとしている人々に焦点を当てたい。デザインの改善が必要だということを実感している人たち、自分が暮らす世界を自分の手でよくしようとしている人たちだ。私たちもそうだが、こうした人たちは、デザインにはテクノロジーとユーザーの橋渡しをし、消費者のニーズを今まで以上に満たす大きなポテンシャルがあると知っている。簡単ではあるが、ここではそうした人たちを紹介し、仲間がいるとみなさんにわかってもらいたい。手を取り合えば、私たちは世界を変えることができる。

身体に関わるもの

　本書では、ひどいデザインが人に物理的な危害を加える例も見てきたが、ここでは逆に、優れたデザインを使って身体に影響を与えるものを作っている人たちを紹介しよう。

- Mad*Pow[74] は、人間とテクノロジー、組織、そして人同士の体験の改善を目指すデザイン・エージェンシーだ。すでに医療業界を変え、大きく進歩させている。特徴のひとつが、年に一度の HXD (Healthcare Experience Design) 会議で、デザイン界と医療界のソートリーダーが一堂に会し、一体となって

患者の生活を改善する方法を探っている。そのほかにも情熱的なデザイナーの代理人として、医療業界の問題に取り組み、非営利団体を助け、さまざまな課題に立ち向かっている。

- **Prescribe Design**[75]はアーロン・スクラーとレニー・ナーの2人が始めた運動だ。2人は医療業界の出身で、患者の生活を改善する人間中心のデザインの考え方を業界に広めようと奮闘している。Prescribe Designは「デザインに関する議論と医療に関する議論を融合させ、デザイン業界の人間と医療界の人間を引き合わせること」を目的に、イベントを作り、SNSで話し合い、デザイナーと医療従事者の間につながりを作っている。そうした話し合いとつながりが、新しいアイデアやパートナーシップ、彼ら自身の運動を促進する原動力になっている。

- **Rock Healthn**[76]は「医療とテクノロジーの交差する分野の起業家に資金を提供し、支援すること」を目指すベンチャー団体だ。デザインの価値を非常に重視していることが、協賛企業に提供したリソース、示した方向性からもよくわかる。彼らは「すべての人のために医療を大幅に改善し、医療システムの質と安全性、利用しやすさの改善に取り組んでいる企業を支援すること」を使命に掲げている。その基準に最も合致する企業へ資金援助を行うことで、Rock Healthは業界を前進させる一助となっている。

- **IDEO**[77]は優れたデザインで有名な会社だが、同時にIDEO.orgを通じてさまざまなプロジェクトを支援し、この本で取り上げた数多くの分野に最大級のインパクトをもたらしている。医療でも発展途上国の小さなプロジェクトに大きく関わっている。IDEOは人間中心のデザインを使って社会に大きく影響している企業で、Amplifyというプログラムを通じてデザイナーの意欲を高めている。デザイナーは、プログラムが与える課題にオープンソースのアイデア・プラットフォームで取り組む。

- **OXO**[78]はインクルーシブでユニバーサルなデザインの原則に基づいたツ

ールを開発している企業だ。社長の妻が、関節炎で野菜のピーラーをうま
く持てなかったことが創業のきっかけになっている。その後に社長がデザ
インした改善版ピーラーは、会社の看板商品になっている。OXO の製品は
いくつものデザイン賞を受賞していて、世界中の博物館で永久所蔵品に選
ばれている。

感情に関わるもの

ひどいデザインは人の気持ちを落ち込ませ、逆に優れたデザインは喜び
を与え、ストレスを取り除く。優れたデザインは、人同士の前向きな交流と
コミュニティの形成を促す。ここでは、そうした現象を起こしている組織を
いくつか紹介する。

- **Design for Good**[79]は、アメリカグラフィックデザイン協会（AIGA）の会員と、
  影響力のある組織とをつなげている。AIGA の会員は大小さまざまなプロ
  ジェクトや大会に時間を捧げている。

- **UX for Good**[80]では、才能あるデザイナーを集めて社会的な課題をめぐる
  難問をぶつける。そしてイベントを通じて、自由に協力して問題の解決に
  あたらせる。

- **The Dark Patterns** のウェブサイト[81]は、企業の思いどおりに誘導し、ユ
  ーザーをいら立たせるトリックを暴露する役割を果たしている。名指しす
  る行為は、問題に光を当てることにつながる。サイトはパターンを特定し、
  そうしたものを使う企業を辱めている。

インクルージョン

ひどいデザインは大多数の人間、あるいは特権的な少数の人間にしかメリ
ットをもたらさない。優れたデザインはインクルーシブで、橋を広くし、

すべての人がテクノロジーの恩恵を受けられるようにする。そうした仕事に取り組んでいるのが、これから紹介する組織だ。

- **Be My Eyes**[†82]は革新的なアプリで、助けが必要になった盲の人を、目の見える人がリアルタイムで助けられるデザインが採用されている。盲の人がアラートを送ると、携帯している電話のカメラと目の見える人の機器とがつながり、見える人は何が知りたいかを尋ねる。アプリのデザインは使いやすく、目の見えない人の生活の改善と、彼らを助けたい人の補助を同時に実現している。

- **Google**[†83]は、多くのプロダクトをアクセシビリティの高いものにすることに力を入れている。会社のアクセシビリティの基準は、さまざまなプラットフォームやUI、アプリのアクセシビリティの高め方や、幅広いオーディエンスがテクノロジーにアクセスできるようになる方法の手本になっている。

- **The BBC**[†84]はウェブのアクセシビリティの改善に以前から取り組んでいて、多くのウェブサイト・デザイナーの参考になる。見た目がいいだけでなく、子ども向けゲームの画面上のキーボードに、アクセシビリティ版を用意するほど、取り組みに力を入れている。ユーザーが必要としている補助の種類に応じたハウツー・ガイドも用意している（図8-1参照）。

図8-1
BBC My Web My Way のスクリーンショット。アクセシビリティ機能を必要とする人のことを考えたさまざまなガイドを用意している。

ジャスティス

　Digital Service はアメリカ政府向けのデザイン・エージェンシーだ。目的は、市民の公共体験を変えること。才能あるデザイナーたちが、とりわけ難しい政府組織のデザインの課題に取り組み、官僚主義を解きほぐしながら、ユーザー中心のデザインの浸透に全力を尽くしている。ここでは、誰よりも助けを必要としている人に代わって仕事に励む、そのほかの団体を紹介しよう。

- **18F**[85] は、米国共通役務庁 (General Services Administration、GSA) 内の一流デザイナー、デベロッパー、プロダクトの専門家たちからなるチームで、アメリカ国民のための最高のプロダクトを作っている。Digital Service と同じように、テクノロジーとデザインを使って政府とアメリカ国民とのやりとりを改善しようと努力している。

- **Designers 4 Justice**[86] は1500人以上のボランティアからなる団体で、デザインを通じて公正さに関する考え方を広めようとしている。

- **Open Source Design**[87] はデザイナーとデベロッパーのコミュニティで、デザインプロセスのさらなるオープン化、そしてオープンソースのソフトウェアのユーザー体験とインターフェイス・デザインの改善を目指している。リソースを提供し、イベントを開催し、オープンソース環境での仕事に関心のあるデザイナーとデベロッパーを対象に講演を行っている。デザイナーの貢献が必要なプロジェクトのリストも紹介している。

あなたはどうする？

　この本を通じて、デザインの大きな問題に光を当て、同時にあなたの心の変化を求める情熱に火をともせていればうれしい。ここからはあなたの番だ。あなたには違いを生み出す力がある。あなたは何をすることを選ぶだ

ろうか。どのくらいの力を注ぎたいだろうか。デザインの現場に身を投じ、違いを生み出そうと努力しているすばらしい組織に加わり、力になるのもいいだろう。あるいは、自分で新しいことを始めるのもいいだろう。悲劇的なデザインをこの世からなくせるかは、私たちの手にかかっている。優れたデザインのある世界を実現できるかは、すべてあなたの一歩から始まる。

　さあ、デザインを使って世界をもっといい場所に変えていこう。

［企業、プロダクト、リンク］

　この本では、現在世に出ているプロダクトと企業を数多く紹介し、大切な考え方の具体例として、また教材として扱ってきた。こうしたプロダクトや企業についてもっと詳しく知りたい方のために、ここではそれをリスト化して紹介する。プロダクト名のアルファベット順で並んでいるので、参考にしてほしい。

プロダクト／サービス	企業／組織	URL
18F	General Services Administration	https://18f.gsa.gov
Airbnb	Airbnb, Inc.	https://www.airbnb.com
Airbus A320	Airbus Group SE	www.airbus.com
Amazon.ca	Amazon.com, Inc.	https://www.amazon.ca/
Apple Mail	Apple Inc.	http://www.apple.com/
Articulating Design Decisions	O'Reilly Media, Inc.	http://bit.ly/articulating-design-decisions
BBC My Web My Way	BBC	http://www.bbc.co.uk/accessibility
Behance	Adobe	https://www.behance.net/
California Prison Appointment Scheduling	California Department of Corrections and Rehabilitation	http://visitorreservations.cdcr.ca.gov/
Center for Civic Design	Oxide Design Co.	http://civicdesign.org/
Chrome Browser	Google Inc.	www.google.com/chrome
Chrome for Android	Google Inc.	www.google.ca/chrome
Cluster	Cluster Labs, Inc.	https://cluster.co/
Code for America	Code for America Labs, Inc.	https://www.codeforamerica.org/
Colorsafe	Donielle Berg and Adrian Rapp	http://colorsafe.co
Comcast	Comcast	http://xfinity.com/
Dell	Dell	http://www.dell.com
Design in Tech Reports	Kleiner Perkins Caufield & Byers	http://www.kpcb.com/blog/design-in-tech-report-2016
Designer News	Tiny	http://www.designernews.co/

プロダクト／サービス	企業／組織	URL
Diablo	Blizzard Entertainment	https://us.battle.net/d3/en
Dots	Playdots, Inc.	https://www.dots.co/
Dribbble	Tiny	https://dribbble.com/
eBay	eBay Inc	http://www.ebay.com
Epic	Epic Systems Corporation	http://www.epic.com
Facebook	Facebook Inc.	https://www.facebook.com/
Facebook Messenger for iPhone	Facebook Inc.	https://www.messenger.com/
Ford Pinto	Ford Motor Company	http://www.ford.com
Gmail	Google Inc.	https://www.google.com/gmail
Google Calendar	Google Inc.	https://www.google.com/calendar
Google Search	Google Inc.	https://www.google.com
Handy	Handy	https://www.handy.com
Healthcare.gov	U.S. Centers for Medicare & Medicaid Services	https://www.healthcare.gov/
iOS on iPhone	Apple Inc.	http://www.apple.com/
Iowa Department of Human Services	Iowa Department of Human Services	https://dhsservices.iowa.gov/
iTunes	Apple Inc.	http://www.apple.com/itunes
Kellogg Canada Newsletter	Kellogg Company (Canada)	http://www.kelloggs.ca
LinkedIn	LinkedIn	https://www.linkedin.com
Mac App Store	Apple Inc.	http://www.apple.com/
MailChimp	MailChimp	https://mailchimp.com
Medium	Medium Corporation	https://medium.com
Microsoft Office Assistant	Microsoft Corporation	https://www.microsoft.com/en-us/windows/get-windows-10
Microsoft Windows 10	Microsoft Corporation	https://www.microsoft.com/en-us/windows/get-windows-10
MyAlabama	State of Alabama	https://www.myalabama.gov/services
Nebraska Department of Health & Human Services	Nebraska Department of Health & Human Services	http://bit.ly/2n5asuE
Negative Underwear	Negative Underwear	https://negativeunderwear.com/
Nightscout project	James Wedding	http://www.nightscout.info/
OSX	Apple Inc.	http://www.apple.com/
Porter Airline Newsletter	Porter Airlines	https://www.flyporter.com
QuickBooks	Intuit Inc.	https://quickbooks.intuit.com/
Rogers Wireless Newsletter	Rogers Wireless	http://www.rogers.com
Royal Mail	Royal Mail plc	http://www.royalmail.com
Scana Propulsion(Ferry)	Scana Propulsion	http://scanapropulsion.com/about

プロダクト／サービス	企業／組織	URL
SEAT Mii	SEAT	http://www.seat.com/carworlds/mii/mii-by-cosmopolitan.html
Sendspace	Sendspace	https://www.sendspace.com/
Shopify	Shopify Inc.	https://www.shopify.com/
Slack	Slack	https://slack.com/
Smashing Magazine	Vitaly Friedman and Sven Lennartz	https://www.smashingmagazine.com
Supplemental Nutrition Assistance Program (SNAP)	USA	http://bit.ly/2ov3vTL
Tesla Model S	Tesla Motors	https://www.tesla.com/models
The Open Design Foundation	Garth Braithwaite	http://opendesign.foundation/
Therac-25	Atomic Energy of Canada Limited (AECL)	http://www.aecl.ca/en/home/default.aspx
To Park or Not to Park	Nikki Sylianteng	http://toparkornottopark.com/
Tragic Design Website	Jonathan Shariat & Cynthia Savard Saucier	http://www.tragicdesign.com
Tumblr	Tumblr, Inc	https://www.tumblr.com/
Twinject	Amedra Pharmaceuticals LLC	http://www.twinject.com/
Twitter	Twitter Inc.	https://twitter.com/
U-Haul	U-Haul	https://www.uhaul.com
UX Booth	UX Booth	http://www.uxbooth.com
UX Magazine	UX Magazine	http://uxmag.com
WordPress	WordPress Foundation	https://wordpress.org/
Xbox	Microsoft Corporation	http://www.xbox.com

※原書刊行時点（2017年4月）の情報です。

[URLs]

† 1   https://www.airbnb.com

† 2   https://negativeunderwear.com

† 3   http://DesignIn.Tech

† 4   https://automattic.com/

† 5   http://www.ico-d.org/database/
files/library/icoD_BP_
CodeofConduct.pdf

† 6   http://www.starvingforethics.
com/

† 7   http://www.designersoath.com/

† 8   https://www.nngroup.com/
articles/ten-usability-
heuristics/

† 9   http://bit.ly/2o2Q8cr

† 10   http://bit.ly/2oCcoro

† 11   https://webstore.iec.ch/
publication/22794

† 12   http://www.dfs.ny.gov/
insurance/r68/r68_art51.htm

† 13   https://app.ntsb.gov/news/
speeches/hersman/daph140408.
html

† 14   https://youtu.be/VdyKAlhLdNs

† 15   https://en.wikipedia.org/wiki/
Fault_tree_analysis

† 16   https://webstore.iec.ch/
publication/4311

† 17   http://www.prescribedesign.
com/

† 18   http://prescribedesign.com/
portfolio/northstar

† 19   http://bit.ly/2mp2334

† 20   https://en.wikipedia.org/wiki/
Self-checkout

† 21   http://xenon.stanford.
edu/~lswartz/paperclip/
paperclip.pdf

† 22   https://youtu.be/3Sk7cOqB9Dk

† 23   http://bit.ly/2o7jZAe

† 24   https://darkpatterns.org/

† 25   https://gimletmedia.com/
episode/33-isis/

† 26   http://www.crtc.gc.ca/eng/
archive/2016/ut160901.htm

† 27   http://fightspam.gc.ca/eic/
site/030.nsf/eng/00323.html

† 28   http://www.nightscout.info/

† 29   http://opendesign.foundation/

† 30   https://dribbble.com/

† 31   https://www.behance.net/

† 32   http://bit.ly/2oa8UhQ

† 33   https://18f.gsa.gov/

† 34   https://github.com/18F

† 35   https://www.w3.org/WAI/users/

† 36   http://www.cdc.gov/
visionhealth/data/national.htm

† 37   https://nei.nih.gov/health/
color_blindness/facts_about

† 38   https://www.nidcd.nih.gov/
health/statistics/quick-statistics-
hearing

† 39   https://nces.ed.gov/programs/
digest/d15/tables/dt15_507.10.
asp

† 40   http://bit.ly/1yfsJ2k

† 41   http://bit.ly/2mKo9y1

† 42   http://bit.ly/2nQnrNW

† 43   http://bit.ly/2nUkk95

† 44   http://colorsafe.co/

† 45   http://www.hemingwayapp.
com/

† 46   http://www.plainlanguage.gov/
site/about.cfm

† 47   https://erikrunyon.
com/2013/07/carousel-
interaction-stats/

† 48   https://www.w3.org/TR/
UNDERSTANDING-WCAG20/

† 49   https://www.rgd.ca/database/

files/library/RGD_AccessAbility_Handbook.pdf

† 50 http://webaim.org/articles/motor/

† 51 http://bit.ly/2n5fmrj

† 52 http://bit.ly/2oFKZbn

† 53 http://geekfeminism.wikia.com/wiki/Della_computers

† 54 http://bit.ly/2ni4zKq

† 55 http://volvocars.us/2oOrGcG

† 56 https://www.myalabama.gov/services

† 57 http://www.in.gov/fssa/

† 58 https://secureapp.dhs.state.ia.us/oasis/oasis0100.aspx

† 59 http://bit.ly/2n5asuE

† 60 http://literacyprojectfoundation.org/community/statistics

† 61 http://toparkornottopark.com/about

† 62 http://bit.ly/2nxnwUR

† 63 http://civicdesign.org/

† 64 https://deardesignstudent.com/

† 65 https://www.toastmasters.org/About

† 66 http://oreil.ly/2oFkGCm

† 67 designernews.co

† 68 medium.com

† 69 smashingmagazine.com

† 70 uxbooth.com

† 71 uxmag.com

† 72 http://opendesign.foundation/

† 73 http://www.tragicdesign.com

† 74 http://www.madpow.com/

† 75 http://www.prescribedesign.com/

† 76 http://www.rockhealth.com/

† 77 http://www.ideo.org/

† 78 http://www.oxo.com/

† 79 http://www.aiga.org/design-for-good

† 80 http://www.uxforgood.org/

† 81 https://darkpatterns.org/

† 82 http://www.bemyeyes.org

† 83 https://www.google.com/accessibility/

† 84 http://www.bbc.com/

† 85 https://18f.gsa.gov/

† 86 https://www.facebook.com/groups/designjustice

† 87 http://opensourcedesign.net/

---

† † 1 http://www.clientscorner.com/informaticslearning/scenario01.php

† † 2 http://www.idg.bg

† † 3 http://bit.ly/2oxuGgY

† † 4 http://www.fahrradmonteur.de/

† † 5 http://bit.ly/2oloVwz

† † 6 http://bit.ly/2n3Kk2D

† † 7 https://en.wikipedia.org/wiki/File:Clippy-letter.PNG

† † 8 http://imgur.com/QdfrzKZ

† † 9 https://support.twitter.com/forms/privacy

† † 10 http://konigi.com/blog/making-infield-form-labels-suck-less/

† † 11 http://bit.ly/2olH5kB

† † 12 http://bit.ly/2om1IgE

† † 13 http://www.seat.co.uk/about-seat/news-events/corporate/new-seat-mii-by-cosmopolitan.html

† † 14 http://www.thetruthaboutcars.com/

† † 15 http://visitorreservations.cdcr.ca.gov/

† † 16 http://thisisservicedesignthinking.com/

† † 17 http://mappingexperiences.com/

†††1　https://articles.uie.com/design_rendering_intent/

†††2　http://bit.ly/1t6a1rk

†††3　http://www.ccnr.org/fatal_dose.html

†††4　http://https//www.fsco.gov.on.ca/en/auto/autobulletins/2014/Documents/a-01-14-1.pdf

†††5　http://www.motherjones.com/politics/1977/09/pinto-madness?page=2

†††6　http://www.southerninjurylawyer.com/media/2009/05/ford-memo.pdf.

†††7　http://bit.ly/2k4t6RS

†††8　http://hdl.handle.net/1721.1/35913

†††9　http://bit.ly/2niWIrP

†††10　https://www.yast.com/time_management/science-task-interruption-time-management/

†††11　http://bit.ly/2oEUwQ6

†††12　http://bit.ly/2oF78a1

†††13　http://bit.ly/1UszoFc

†††14　http://www.retailwire.com/discussion/self-checkout-theft-is-habit-forming/

†††15　http://brianwhitworth.com/polite2.pdf

†††16　http://bit.ly/1fjQdvy

†††17　http://www.bbc.com/news/technology-36367221

†††18　https://blog.malwarebytes.com/cybercrime/2012/10/pick-a-download-any-download/

†††19　https://security.googleblog.com/2016/02/no-more-deceptive-download-buttons.html

†††20　http://bit.ly/1CACWHR

†††21　http://nbcnews.to/2mEPG3y

†††22　http://fortune.com/2015/10/05/linkedin-class-action/

†††23　http://bit.ly/22ZwRWg

†††24　https://www.wired.com/2008/05/tweeter-takes-o/

†††25　http://bzfd.it/2lHtmHl

†††26　http://bit.ly/2nitrgS

†††27　http://bit.ly/2mpa3kG

†††28　http://bit.ly/1yfsJ2k

†††29　https://www.nngroup.com/articles/auto-forwarding/

†††30　https://www.nngroup.com/articles/form-design-placeholders/

†††31　http://pewrsr.ch/2ciilI0

†††32　http://bit.ly/2oKbHPO

†††33　http://bit.ly/2lHr6zH

†††34　http://bit.ly/2n3Qa4h

†††35　http://nyti.ms/1ng6DJc

†††36　http://sixrevisions.com/web_design/gestalt-principles-applied-in-design/

†††37　http://abcn.ws/2nhcR5h

†††38　http://www.eurekalert.org/pub_releases/2012-10/cwru-era103012.php

†††39　http://www.cbc.ca/natureofthings/episodes/body-language-decoded

†††40　https://hbr.org/2015/03/putting-yourself-in-the-customers-shoes-doesnt-work

†††41　http://pewrsr.ch/2aSktkE

※原書刊行時点（2017年4月）の情報です。

[Index]

著者紹介

Jonathan Shariat

　ジョナサン・シャリアートは、大きな心を持った思慮深いデザイナーで、人の生活に大きな影響を与えるプロダクトのデザインを手がけている。医療やファイル共有、出版のデザインを8年経験。現在は個人で、スタートアップや大企業を顧客に仕事を行っている。

　ジョナサンは元々デザイナーを目指していたわけではなかった。高校時代はアニメーションの道に進もうと思っていた。ところがそのまま大学へ進学しようと思っていたとき、ジョナサンは円を3つ重ねたベン図を書いてみた。ひとつの円は得意な分野、もうひとつの円はやっていて楽しいこと、そして3つめは、需要と未来がある、つまり仕事になりそうな分野。そうやって、ジョナサンはユーザー・インターフェイスのデザインという分野を見つけ出した。そこなら、自分のクリエイティブな能力と分析的な能力の両方を活かせると思ったのだ。そしてアート・インスティテュート・オブ・カリフォルニアに進学し、デザインとウェブ開発を学ぶと、好成績を収めて優秀学生賞を受賞した。

　ジョナサンは YouSendIt (現在は Hightail) で3000万人が使うアプリの開発に携わり、フリーランスのデザイナーとしてスタートアップの支援をしながら、会社の躍進の手助けをした。Therapydia ではプロダクト・ディレクターを務め、理学療法士と患者との関係を改善した。現在はカリフォルニア州マウンテンビューに所在する Intuit のシニア・インタラクション・デザイナーを務めている。

　ジョナサンは、一番いい学習機会とは、教える側に回ることだと考えている。執筆や、自分のキャリアの文字化は、その絶好の方法だ。現在もジョナサンは、ニュースレター (http://tragicdesign.com) を通じてこの本で取りあげた話題を掘り下げている。人気の Twitter アカウント (@DesignUXUI) では、自身の考えや学んだことを共有し、さらにおもしろい GIF やエピソードも提供している。世界中でデザインの講演を行っていて、若いデザイナーの指導を楽しんでいる。

Cynthia Savard Saucier

　シンシア・サヴァール・ソシエは行動心理学とアクセシビリティ、人材管理に関心のあるユーザー・エクスペリエンス・デザイナー。仕事がない時代は、キッチンでチョコレートを作り、熱心にポッドキャストを聴いていた。幼い我が子を持つ母親でもあり、押すタイプのドアか、それとも引くタイプのドアか、ラベルで表示しなくてもわかる世界で息子を育てたいと考えている。

　高校時代、シンシアは友だちの家で、はじめて巨大なボタンのついたテレビのリモコンを目にした。友だちの母親が作業療法士で、視力の低い人たちの手助けをしていたのだ。それが、やがてのめり込むことになる世界との最初の出会いだった。モントリオール大学では工業デザインを学び、インターフェイス・デザインにはプロダクト・デザインと同じだけの影響力があることを知った。卒業制作では、祖父母世代と孫世代とのギャップを埋めることをテーマに取り上げ、賞をもらった。その中で、ユーザー体験の分野への関心が固まっていった。

　最初に就職したユーザー・エクスペリエンスとユーザーテストを専門にするエージェンシーでは、政府組織のウェブサイトやテレビのネットワーク、公共交通機関のウェブサイト作りを担当した。それからデジタル・プロダクトの会社に移ってデザイナーチームのリーダーを務めたあと、最近ではカナダの大企業 Shopify に入社し、デザイン・ディレクターを務めている。

　昼間の仕事に加えて、シンシアはスタートアップを対象としたトレーニングを実施し、世界中のイベントに招かれてスピーチを行い、遊び心あるアプローチで聴衆を驚かせつつも魅了している。そして会議の場で、ユーザー中心のデザインは理想論などではなく現実的な考えだという、自らの情熱と見解を聴衆に訴えている。Twitter(@CynthiaSavard)をフォローし、ダークパターンを使う企業への彼女の不満を読んでみてほしい。

悲劇的なデザイン

あなたのデザインが
誰かを傷つけたかもしれないと
考えたことはありますか？

2017年12月27日　初版第1刷発行

著者：　　ジョナサン・シャリアート、シンシア・サヴァール・ソシエ
翻訳：　　高崎拓哉

発行人：　上原哲郎
発行所：　株式会社ビー・エヌ・エヌ新社
　　　　　〒150-0022
　　　　　東京都渋谷区恵比寿南一丁目20番6号
　　　　　E-mail：info@bnn.co.jp
　　　　　Fax：03-5725-1511
　　　　　www.bnn.co.jp

印刷・製本：シナノ印刷株式会社

翻訳協力：株式会社トランネット
版権コーディネート：株式会社日本ユニ・エージェンシー
日本語版デザイン：中山正成（APRIL FOOL Inc.）
日本語版編集：石井早耶香
日本語版編集アシスタント：金山恵美子

ISBN978-4-8025-1078-3
Printed in Japan